连续体结构拓扑优化方法及在风电机组零部件轻量化设计中的应用

龙凯 陈卓 张锦华 周昳鸣 陶涛 张凯 著

中国水利水电出版社
www.waterpub.com.cn
·北京·

内 容 提 要

在风电机组大型化和朝深远海复杂恶劣环境发展的背景下，结构设计成为制约风电机组发展的瓶颈之一。在该背景下，本书围绕着结构轻量化手段之一，即拓扑优化方法开展研究，第1章综述了海上风电机组零部件优化设计，围绕着海上风电机组的两类特殊问题，即抗疲劳和瞬态动力学拓扑优化方法进行综述；第2章提出连续体结构抗疲劳拓扑优化方法，重点是推导了累积疲劳损伤敏度表达式和其惩罚列式；第3章在第2章的基础上，引入增广拉格朗日函数求解单元疲劳损伤约束的优化问题；第4章则将增广拉格朗日函数延续至静态最大位移约束拓扑优化问题；第5章延续了增广拉格朗日函数在瞬态动力学问题中的应用；第6章、第7章针对海上风电机组导管架和三脚架支撑开展相应拓扑优化设计研究，通过与参考结构对比的方式，验证了提出方法的可行性和优越性。

本书可作为风电相关专业结构优化课程的教材，也可供其他专业和有关工程技术人员参考。

图书在版编目（ＣＩＰ）数据

连续体结构拓扑优化方法及在风电机组零部件轻量化设计中的应用 / 龙凯等著. -- 北京 : 中国水利水电出版社，2023.11
ISBN 978-7-5226-1910-1

Ⅰ. ①连… Ⅱ. ①龙… Ⅲ. ①风力发电机－发电机组－零部件－设计 Ⅳ. ①TM315

中国国家版本馆CIP数据核字(2023)第219676号

书　　名	连续体结构拓扑优化方法及在风电机组零部件轻量化设计中的应用 LIANXUTI JIEGOU TUOPU YOUHUA FANGFA JI ZAI FENGDIAN JIZU LINGBUJIAN QINGLIANGHUA SHEJI ZHONG DE YINGYONG
作　　者	龙凯　陈卓　张锦华　周眹鸣　陶涛　张凯　著
出版发行	中国水利水电出版社 （北京市海淀区玉渊潭南路1号D座　100038） 网址：www. waterpub. com. cn E-mail：sales@mwr. gov. cn 电话：(010) 68545888（营销中心）
经　　售	北京科水图书销售有限公司 电话：(010) 68545874、63202643 全国各地新华书店和相关出版物销售网点
排　　版	中国水利水电出版社微机排版中心
印　　刷	清淞永业（天津）印刷有限公司
规　　格	140mm×203mm　32开本　6.125印张　148千字
版　　次	2023年11月第1版　2023年11月第1次印刷
印　　数	0001—1000册
定　　价	65.00元

前　言

海上风电机组单机容量不断增大，机组大型化发展趋势突出，其对结构轻量化的需求日益显著。结构优化技术成为轻量化设计的有效手段，随着计算机技术的巨大进步得到长足发展，其应用范围涵盖了航空航天、机械、土木、汽车等众多领域，优化手段从最初的尺寸参数优化扩大至形状优化甚至更具有挑战性的拓扑优化，而优化问题由单一的刚度最大化拓展至结构动力学、疲劳强度、稳定性等多物理场、多学科交叉。在工程应用方面，目前很多主流的有限元软件中均包含有专门的结构优化模块，一些专业的结构优化软件已被诸多工程技术人员所熟悉和掌握。对于海上风电机组而言，则面临着如下问题：如何将工程挑战凝练为科学研究？如何将分析软件和结构优化技术有机结合起来，发展出适合分析软件的优化方法、流程？如何在上述基础上开展复杂的现实结构的有限元分析，考察关键性结构、环境等参数对结构响应的影响，总结设计规律？

本书由两部分组成，即拓扑优化理论方法及其在海上风电机组支撑结构优化设计中的应用。其中前者是结合作者课题组这些年的研究进展汇总而成，而后者则是以固定式海上风电机组支撑结构为研究对象做出的一些探索性工作，从数值仿真结果来看，取得了较好的工程效果。

在本书面世之时，我们在此衷心感谢：①2022年"双一流"研究生人才培养项目对本书出版的资助；②国家重点研发计划项目（2022YFB4201302）、广东省基础与应用基础研究基金海上风电联合基金（2022A1515240057）、华能集团海上风电与智慧能源系统科技专项（HNKJ20－H88－01）对研究工作中提供的数据和工程结果的支持；③研究生陈卓、杨晓宇、张承婉、陆飞宇、张锦华等参加了相关研究工作，他们付出了辛勤的劳动。

本专著作为作者近几年来参与工作内容的梳理和总结，如果没有来自纵课题、横课题的资助，没有相关领导对于作者的支持，没有青年学子的积极参与，我们的研究工作很难系统地记录下来并持续到今天。因此，在将这本书奉献给广大读者之际，把它作为满怀感恩之心的礼品，首先奉献给上述单位和个人。

鉴于作者水平有限，书中难免有错漏之处，请各位读者批评指正，也希望能与读者们有更深入的沟通与交流（电子邮箱：longkai1978@163.com）。

2023年10月

目 录

第 1 章

绪　　论

1.1　海上风电机组零部件优化设计概述

受到经济性和可靠性设计要求的双重压力，结构优化设计技术日益受到海上风电工业界重视。以海上风电机组支撑结构为例，目前的结构优化设计大多集中在尺寸优化方面。例如，Sandal 等[1] 以截面尺寸为设计变量，建立了极限和疲劳强度双重约束下的优化模型，基于梯度算法求解实现 DTU 10 - MW 导管架结构优化设计。Yang 等[2] 提出海上风电机组动态响应下的可靠性优化设计方法，利用元模型代替有限元模型进行全局优化设计，并采用蒙特卡洛模拟验证了提出方法的可靠性。Natarajan 等[3] 将结构频率、塔顶位移以及结构极限应力作为制约结构设计的重要因素，建立两级优化框架以 10MW 风电机组导管架的优化设计。Chew 等[4] 同时将结构尺寸、固有频率、极限和疲劳强度设置约束条件，以结构质量最小化为目标建立优化模型；在优化求解方面，与传统差分优化算法相比，基于梯度信息的求解算法具有高效、高精度等优点。Jalbi 等[5] 参考直升机共振问题，研究了导管架结构的动态响应问题，并提出了相应的结构优化方案，并采用有限元分析验证了提出方案的优越性。除了尺寸优化外，有学者重点提出新的结构型式以提高导管架强度。Chen 等[6] 提出三脚导管架改进结构型式，通过试验和数值模拟其全局屈曲特性，证明该结构的优越性。除了尺寸优化外，Zhang 等[7] 较早意识到结构型式对结构力学性能的影响，分别考察了 X 型、K 型和 Z 型等不同导管架结构力学性能的异同。与常见的四腿结构有所不同，Tran 等[8] 提出新型三脚导管架基础结构，与参考四腿支撑导管架对比，验证了提出方案的可行性，并指出新型结构的加工制造、安装成本更低。由于导管架结构优化问题设计变量数目庞大，其对应的结构优化建模方式受到研究者的关注。Zheng 等[9] 基于代理模型建立优化列式，考察了风电机组 50 年一遇下的等效极限载荷，通过参数灵敏度分析确定关键优化变量，将屈曲强度和疲劳寿命作为约束条件，对比分析了不同导管架力学性能。Motlagh 等[10] 采用两种不同遗传算法实现优化求解，实现导管架平台减重 13％和 15％，结果也证明了疲劳损伤约束在导管架平台优化设计中的必要性。基于结构优化技术，Sandal 等[11] 提出导管架和基础一体化设计方法，研究了土壤特性、基础类型、桩腿间距及导管架质量等重要参数的影响。Oest 等[12] 对比了三种导管架分析优化方法结果，强调动力学行为在导管架优化设计中的必要性。

相比较尺寸优化，拓扑优化在结构概念设计阶段确定其最优拓扑构型，可以自动寻找材料的最优传力路径，从而具有更大的优化设计空间，目前已广泛应用于航空、航天、建筑、增材制造等领域[13-17]。相比较这些应用成熟行业，拓扑优化方法在风电机组零部件中的设计应用较少。在叶片设计方面，Buckney 等[18] 以最小化体积和最小化柔顺度为目标实现了 45m 长风电机组叶片的拓扑优化设计，并完成了尺寸优化。Wang 等[19] 提出了气动和结构耦合多目标拓扑优化框架，可以实现多目标要求下的叶片外部形状和内部结构布局优化。海上风电机组基础重量庞大，以 5MW 风电机组为例，三脚架结构重达 1600t，可以称之为"钢铁巨兽"。近期的研究成果也证明了拓扑优化方法在支撑结构设计上的可行性和优越性[20]。Lee 等[21] 采用拓扑优化方法实现了导管架过渡段部分轻量化设计，并校核了结构极限强度和疲劳强度。Tian 等[22-23] 将拓扑优化引入导管架结构、海上平台结构优化设计中，在结构轻量化的同时保证了结构力学性能。Oest 等[24] 介绍了海上风电机组支撑结构优化方法，以疲劳强度、极限强度以及频率为约束，优化结构与 OC4 参考导管架结构进行了对比。在海上风电机组导管架支撑结构概念设计阶段，Zhang 等[25] 建立了导管架结构拓扑优化列式，通过与参考结构对比，优化结果证明了提出方法的有效性。除了导管架结构，三脚架结构也常用作固定式海上风电机组基础，Lu 等[26] 提出了三脚架轻量化的拓扑设计方法，并与参考结构对比，优化结构在减重 16.29% 的基础上，结构疲劳寿命有了一定程度的提高，提出了如图 1.1 所示的三脚架支撑结构拓扑优化设计流程。

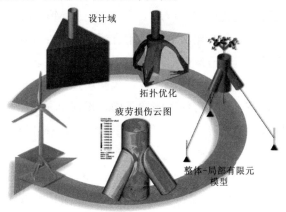

图 1.1 三脚架支撑结构拓扑优化设计流程

1.2 抗疲劳拓扑优化方法简介

高周疲劳损伤通常由应力循环内的应力变程及均值通过累积效应引起，一般情况下，抗疲劳拓扑优化研究可视为应力约束问题的进一步延伸。由于累积疲劳损伤与结构应力相关，抗疲劳拓扑优化沿袭了应力拓扑优化的三大困难[27]：奇异性、庞大数量的约束方程和对各类参数的高敏感性引起优化求解的困难。应力优化问题的解决方法包括 epsilon 松弛列式、pq 应力法、凝聚包络等。近年来，Yang 等[28] 发展出稳定转换法和违反约束集，此外还包括增广拉格朗日乘子法求解大规模约束方程[29-30]。早期疲劳优化研究对象为比例载荷作用的线弹性结构，单元应力极值发生的时刻点相同，可通过一次性外载荷的雨流计数实现单元疲劳损伤的雨流计数，单元累积疲劳损伤的包络凝聚、应力插值等关键性技术沿袭了应力优化中的处理方式[31-33]。除常规失效准则外，侯杰等[34] 采用 Sines 疲劳准则建立拓扑优化列式。Gao 等[35] 实现了 Murakami 损伤模型下的应力计算。与比例载荷作用有所不同，在非比例载荷作用下，单元应力极值发生时刻不同。需要在每一轮优化迭代中针对每个单元应力反复雨流计数，大幅增加了问题的复杂度和计算量；此外，与应力约束问题不同，不同单元的累积损伤数值具有量级上的差异，严重降低了优化求解的稳定性和效率。针对上述问题，Suresh 等[36] 采用连续型计数法，避免了复杂的雨流计数过程。Jeong 等[37] 采用等效静态处理快速获取时序应力。Chen 等[38] 提出疲劳损伤惩罚模型，抑制了单元疲劳损伤值的量级差异，通过参数调整降低局部优化解的可能性。Zhang 等[39] 提出非比例载荷下的抗疲劳拓扑优化设计方法。

1.3　瞬态动力学拓扑优化方法简介

动态问题的拓扑优化研究主要集中在频域和时域两方面。其中，受周期性变化载荷的结构多于频域中进行讨论。Ma 等[40] 首先提出了基于均匀化理论的谐振结构拓扑优化方法。这方面的研究主要集中于结构在特定频率下或较宽范围内的最小响应。通常选择动态柔顺度、输入功率和相关节点位移作为系统性能的判定标准[41-46]。例如，Niu 等[47] 比较了各种不同目标函数对优化结果的影响，并对抗振结构的设计提出了指导性意见。Silva 等[48] 指出了稳态振动拓扑优化中动态顺应性使用不足的问题，并提出使用有功输入功率和无功输入功率来避免反共振现象。最近，Lopes 等[49] 在双向进化结构优化方法的框架下最大化了频带范围，并通过实验验证了这一点。在文献［50］和文献［51］中可以找到当前领域中方法的全面综述。尽管分析类型不同，但这些研究成果为时序激励下的优化问题提供了参考和借鉴。例如，Zhou 等[52] 提出谐激励响应优化问题等效为瞬态激励优化问题的方法，思路也较为新奇。

谐响应拓扑优化研究不适用于时变力学系统[53]。Min 等[54] 最早提出了瞬态振动优化列式，其系统性能由平均动态柔顺度评估。Turteltaub[55] 指出瞬态激励下的拓扑优化结果与基于固有频率优化结果间存在着明显的差异。Zhang 等[56] 在压电结构瞬态拓扑优化问题中引入了恒增益速度反馈控制。Giraldo - Londoño 和 Paulino[57] 提出了瞬态拓扑优化问题的 Matlab 教育代码，其中以先离散后微分的方式推导了灵敏度表达式。Zhao 等[58] 完成了一般载荷下的结构设计，在仅有体积约束的情况下，推导了动态柔顺度、应变能和自由度平方三种不同指标在时域积分上的敏度表达式。上述研究主要关注时变机械系统的力学性能在时间域上的平均值。Yan 等[59-61] 利用李雅普诺夫方程研究了阻尼材料的优化布置问题，旨在减少冲击载荷下的残余振动。Zhao 和 Wang[62] 在瞬态动力学拓扑优化问题中引入了凝聚函数，用于降低时域峰值响应。Long 等[63] 提出一种时域积分型指标作为最大动态响应的替代模型。在实际工程应用中，结构的强度和变形破坏与结构瞬态响应的最大值直接相关。例如，当风电机组叶片的尖端挠度超过瞬时风脉冲激发的安全阈值时，可能会撞击塔架，最终导致风电机组倒塌。因此，考虑最大动力响应的拓扑优化显得尤为关键，但也更为困难。另一种处理瞬态拓扑优化问题的方法是由 Choi 和 Park[64] 提出的等效静态载荷方法。例如，Min 等[54] 和 Jang 等[65] 提出了在时间间隔或峰值附近的目标函数。Bai 等[66] 利用能量尺度比提出了一种改进的等效静载荷概念，以实现数值稳定性，并在碰撞优化问题中得到了满意的结果。最近，Wang 等[67] 通过引入材料和载荷的不确定性，基于等效静态载荷方法研究了结构的瞬态动力学拓扑优化问题。

尽管瞬态动力学拓扑优化研究取得了显著的进展，大规模计算量仍然是其中尤为突出的一个问题，特别是当结构分析需要对较小的时间间隔进行积分计算时。解决这一问题的典型方法包括模型缩减技术。模态位移和模态加速度法在学术研究和工程应用中均获得了广泛的成功[68, 69]。例如，Li 等[70] 综述并比较了谐响应问题中一阶和二阶缩减算法的精度和效率；Long 等[63] 和 Zhang[71] 在瞬态动力学方程求解中引入二阶缩减算法；Zhang 等[72] 与 Liu 和 Zhang[73] 在多尺度有限元基函数中引入模态向量，但针对含高频成分的瞬态响应，仍存在着计算精度不足的缺点；Qian[74] 通过瞬态平衡方程的残差来在线更新缩减基向量。

1.4 本 书 内 容

第 2 章重点介绍抗疲劳拓扑优化方法，与应力约束类似，将众多的单元累积疲劳损伤约束包络成为单一约束，方便优化求解。这里面引入了疲劳损伤惩罚函数，其原因在于，与单元应力值相比，单元累积疲劳损伤数值具有量级上的差异，导致了对优化参数更具敏感性，引入疲劳损伤惩罚函数能够有效降低拓扑优化结果陷入到局部最优解的可能性。

第 3 章在第 2 章的基础上，重点介绍增广拉格朗日函数求解算法，即不再对众多单元累积疲劳损伤约束进行包络处理，而是将约束函数置入到目标函数中，构造增广拉格朗日函数并进行优化求解。

第 4 章是第 3 章增广拉格朗日函数方法在静态刚度优化问题中的应用。在一类工程结构中，通常承受压力载荷，多点位移需要满足设计约束。这里将多点约束采用增广拉格朗日函数方法进行处理求解，通过数值算例证明了其有效性。

第 5 章则是增广拉格朗日函数方法在瞬态动力学问题中的延伸，前面第 2～4 章的约束函数均为空间域内每一个点或单元响应量满足，而该章中的约束条件是在每一个离散的时刻点严格满足，避免了时间域内的包络。

第 6 章是拓扑优化方法在海上风电支撑结构多导管架设计中的应用。通过拓扑优化设计，得到了新型的导管架结构。在此基础上，开展了风电机组整机动力学计算，依据等效静力载荷原则，得到了导管架结构的外部载荷。基于梁单元建立了导管架的有限元模型，对比了 NREL 5MW 参考风电机组导管架和新型导管架结构的位移等结果，证明了提出的新型导管架具有刚度性能上的优越性。

第 7 章是拓扑优化方法在海上风电支撑结构三脚架设计中的应用。通过拓扑优化设计，得到了新型的三脚架结构。依据拓扑优化结果的提示和启发，重构三脚架结构，并开展了累积疲劳损伤计算，得到了三脚架结构的累积疲劳损伤分布云图。与原始结构的结果对比表明，拓扑优化后的三脚架结构在满足抗疲劳设计要求的基础上，能实现结构的轻量化设计。

第2章

连续体结构抗疲劳拓扑优化方法

2.1 引　言

一般而言，抗疲劳拓扑优化可以视为应力约束下的拓扑优化研究的自然延伸，在风电机组实际运行过程中存在一类承受高周疲劳载荷作用的关键零部件，如风电叶片和风电主轴轴承座。为了实现这些零部件的抗疲劳工程要求，提出以累计疲劳损伤为约束和以体积最小为优化目标的拓扑优化列式。通过准静态有限元法计算单元累计损伤，提出单元累计损伤的惩罚模型，采用 p - norm 包络函数对累计惩罚损伤进行缩减，推导相应的敏度表达式。随后对提出的拓扑优化列式采用移动近似算法实现优化求解。

2.2　基于累积疲劳损伤惩罚约束的优化模型

2.2.1　拓扑优化列式

采用三场 SIMP 插值模型，建立第 e 个单元的弹性模量为

$$E_e = E_{\min} + \overline{\rho}_e^\alpha (E_0 - E_{\min}) \tag{2.1}$$

式中　E_0，$E_{\min}$——固体材料和孔洞材料的杨氏模量，为避免奇异性问题，令 $E_{\min} = 10^{-9} E_0$；

9

α——杨氏模量惩罚因子，其作用是使设计变量尽可能趋向 0 和 1，通常取值为 $\alpha=3$；

$\overline{\rho}_e$——第 e 个单元的物理密度。

采用三场 SIMP 建模方法，经过投影函数得到物理密度为

$$\overline{\rho}_e = \frac{\tanh(\beta\eta) + \tanh[\beta(\tilde{\rho}_e - \eta)]}{\tanh(\beta\eta) + \tanh[\beta(1-\eta)]} \tag{2.2}$$

式中 η——投影函数阈值点，取值 $\eta=0.5$；

β——投影函数参数，初始值为 1，每若干次迭代后递增，直至达到 β 的最大值 $\beta_{\max}$；

$\tilde{\rho}_e$——过滤密度。

为了消除拓扑优化中常见的棋盘格现象和网格依赖性现象，采用密度过滤的方式，定义为

$$\tilde{\rho}_e = \frac{1}{\sum\limits_{i \in N_e} H_{ei}} \sum_{i \in N_e} H_{ei}\rho_i \tag{2.3}$$

其中 $$H_{ei} = \max[0, r_{\min} - \Delta(e,i)] \tag{2.4}$$

式中 H_{ei}——权重因子；

N_e——与第 e 个单元的中心距离小于过滤半径 $r_{\min}$ 的所有单元集合。

由于疲劳是局部现象，因此在进行抗疲劳设计的时候要考虑到设计域每一个位置的疲劳损伤。为方便起见，将每个单元中心的疲劳损伤作为约束条件，则抗疲劳拓扑优化列式为

$$\begin{cases} \text{find:} \boldsymbol{\rho} \\ \min: g_0 = \sum\limits_{e=1}^{NE} \overline{\rho}_e v_e \\ \text{s. t. } g_e = \overline{D}_e - 1 \leqslant 0 (e=1,2,\cdots,NE) \\ \quad 0 \leqslant \rho_e \leqslant 1 (e=1,2,\cdots,NE) \end{cases} \tag{2.5}$$

式中　$\boldsymbol{\rho}$，ρ_e——设计变量矢量，第 e 个设计变量；

　　　　NE——设计域单元数；

　　　　g_0——目标函数；

　　　　g_e——第 e 个约束函数；

　　　　v_e，V——固体材料的单元体积，设计域总体积；

　　　　$\overline{D}_e$——第 e 个单元中心处的疲劳损伤。

由文献［75］可知，累积疲劳损伤对于优化参数设置具有高度敏感性。为克服这一缺点，提出疲劳损伤惩罚模型，式（2.5）的疲劳损伤约束方程改写为

$$D_e = (\overline{D}_e)^{\delta} \leqslant 1 \quad (e = 1, 2, \cdots, NE) \tag{2.6}$$

式中　δ——损伤惩罚因子，其对最终拓扑和迭代历程的影响

　　　　将在数值算例中详细讨论。

对全体单元的疲劳损伤进行约束会引入大量的约束方程，将降低求解效率。为了解决这一问题，可以引入最大值函数以求出最大值并进行约束，即 $(D_e)_{\max} \leqslant 1$。然而在求解过程中，最大惩罚累计损伤单元位置会发生改变，且最大值函数不可导。这里选择 p - norm 包络函数对惩罚累计损伤进行包络处理，即

$$g = cp^{(l)} \Big[\sum_{e=1}^{NE} (D_e)^{\mu} \Big]^{\frac{1}{\mu}} = cp^{(l)} \Big[\sum_{e=1}^{NE} (\overline{D}_e)^{\mu\delta} \Big]^{\frac{1}{\mu}} \leqslant 1$$

$$\tag{2.7}$$

式中　μ——包络参数；

　　　　l——第 l 次迭代步数；

　　　　cp——包络函数校正因子，定义为

$$cp^{(l)} = \frac{\big[\max(D_e) \big]^{(l)}}{\Big\{ \sum_{e=1}^{NE} \big[D_e^{(l)} \big]^{\mu} \Big\}^{\frac{1}{\mu}}} \tag{2.8}$$

包络函数校正因子 cp 在迭代过程中是不连续的，式（2.8）可改写为

$$cp^{(l)} = q^{(l)} \frac{[\max(D_e)]^{(l)}}{\left\{ \sum\limits_{e=1}^{NE} [D_e^{(l)}]^{\mu} \right\}^{\frac{1}{\mu}}} + [1 - q^{(l)}] cp^{(l-1)} \qquad (2.9)$$

式中　$q^{(l)}$——控制参数，$q^{(l)} \in [0, 1]$。

将式（2.5）中的约束函数替换为式（2.7），优化列式改写为

$$\text{find:} \boldsymbol{\rho}$$
$$\text{min:} g_0 = \sum_{e=1}^{NE} \overline{\rho}_e v_e \qquad (2.10)$$
$$\text{s. t:} g \leqslant 1$$
$$0 \leqslant \rho_e \leqslant 1 (e = 1, 2, \cdots, NE)$$

2.2.2　基于准静态有限元法的疲劳分析

按照载荷实际循环次数的长短可将疲劳分为高周疲劳（循环次数大于 10^5 次）和低周疲劳（循环次数小于 10^5 次）。由于风电机组关键零部件的设计寿命通常不低于 20 年，这是典型的高周疲劳设计对象，因此，本节在进行疲劳分析的时候仅针对高周疲劳。

通过动力学计算，可以确定由时变载荷 $F(t)$ 引起的结构和构件的随机响应量。直接采用瞬态分析进行有限元计算的计算量较大且效率低下。若采用准静态法进行有限元计算则可以提高求解效率，缺失的动态效应则通过动态缩放因子来补偿。将时变载荷 $\boldsymbol{F}(t)$ 分解为三个正交分量，即 $\boldsymbol{F}(t) = F_x(t)\boldsymbol{I}_x + F_y(t)\boldsymbol{I}_y + F_z(t)\boldsymbol{I}_z$。其中 $\boldsymbol{I}_x$、$\boldsymbol{I}_y$ 和 $\boldsymbol{I}_z$ 为三个方向的单位载荷，$F_x(t)$、$F_y(t)$ 和 $F_z(t)$ 为对应方向的载荷大小。任意时间的全局载荷向量可表示为

$$\boldsymbol{K}\boldsymbol{u}_x = \boldsymbol{I}_x, \boldsymbol{K}\boldsymbol{u}_y = \boldsymbol{I}_y, \boldsymbol{K}\boldsymbol{u}_z = \boldsymbol{I}_z \tag{2.11}$$

$$\boldsymbol{u}(t) = F_x(t)\boldsymbol{u}_x + F_y(t)\boldsymbol{u}_y + F_z(t)\boldsymbol{u}_z \tag{2.12}$$

式中　　$\boldsymbol{K}$——全局刚度矩阵；

$\boldsymbol{u}_x$，$\boldsymbol{u}_y$，$\boldsymbol{u}_z$——三个方向的单位载荷下对应的位移矢量。

参考应力约束问题的一致表达式[28]，求出在单元中心的惩罚应力矢量为

$$\boldsymbol{\sigma}_e = \overline{\rho}_e^{\gamma} \boldsymbol{C}_0 \boldsymbol{B}_c \boldsymbol{u}_e \tag{2.13}$$

式中　γ——应力惩罚参数，这里 $\gamma = 0.5$；

$\boldsymbol{C}_0$——固体材料本构矩阵；

$\boldsymbol{B}_c$——单元中心应变矩阵；

$\boldsymbol{u}_e$——第 e 个单元的位移矢量。

根据 Palmgren/Miner 线性损伤累积假设，单元中心累积损伤为

$$\overline{D}_e = \sum_h \frac{n_{e,h}}{N_{e,h}} \tag{2.14}$$

式中　h——第 h 个应力周期；

$n_{e,h}$——当下应力周期下的实际循环次数；

$N_{e,h}$——当下应力周期的预估疲劳寿命。

平面问题和空间问题下，第 h 个应力周期的单元中心应力矢量分别为

$$\boldsymbol{\sigma}_{e,h} = \begin{bmatrix} \sigma_{ex,h} & \sigma_{ey,h} & \tau_{exy,h} \end{bmatrix}^{\mathrm{T}} \tag{2.15}$$

$$\boldsymbol{\sigma}_{e,h} = \begin{bmatrix} \sigma_{ex,h} & \sigma_{ey,h} & \sigma_{ez,h} & \tau_{exy,h} & \tau_{eyz,h} & \tau_{ezx,h} \end{bmatrix}^{\mathrm{T}} \tag{2.16}$$

两种不同场景下的 von Mises 应力分别为

$$\sigma_{e,h}^{VM} = \sqrt{\sigma_{ex,h}^2 + \sigma_{ey,h}^2 - \sigma_{ex,h}\sigma_{ey,h} + 3\tau_{exy,h}^2} \tag{2.17}$$

$$\sigma_{e,h}^{VM} = \sqrt{\sigma_{ex,h}^2 + \sigma_{ey,h}^2 + \sigma_{ez,h}^2 - \sigma_{ex,h}\sigma_{ey,h} - \sigma_{ex,h}\sigma_{ez,h} - \sigma_{ey,h}\sigma_{ez,h} + 3\tau_{exy,h}^2 + 3\tau_{eyz,h}^2 + 3\tau_{ezx,h}^2}$$

$$\tag{2.18}$$

与静态强度计算不同，疲劳的计算需要引入带符号的米塞斯应力 $\sigma_{e,h}^{SVM}$ 来评估应力水平，其符号的正负值由第一应力不变量的正负值决定，即

$$\sigma_{e,h}^{SVM} = \text{sign}(I_1)\sigma_{e,h}^{VM} \tag{2.19}$$

式中 I_1 ——第一应力不变量，在平面问题和空间问题中，其数学表达式分别为

$$\text{sign}(I_1) = \text{sign}(\sigma_{ex,h} + \sigma_{ey,h}) \tag{2.20}$$

$$\text{sign}(I_1) = \text{sign}(\sigma_{ex} + \sigma_{ey} + \sigma_{ez}) \tag{2.21}$$

第 h 个应力周期内，应力幅值和平均应力表达式为

$$\sigma_{e,h}^a = \frac{\sigma_{e,h}^{SVM}(t_{\max}) - \sigma_{e,h}^{SVM}(t_{\min})}{2} \tag{2.22}$$

$$\sigma_{e,h}^m = \frac{\sigma_{e,h}^{SVM}(t_{\max}) + \sigma_{e,h}^{SVM}(t_{\max})}{2} \tag{2.23}$$

式中 $t_{\max}$, $t_{\min}$ ——一个应力周期下最大和最小的带符号的米塞斯应力对应时间。

设式（2.22）和式（2.23）是经过雨流计数后计算得来的，即 $t_{\max}$ 和 $t_{\min}$ 在载荷谱上是连续的。由于所提方法的研究重点为疲劳优化，雨流计数法的详细公式和具体实施可参考文献 [76]。

为了考虑拉、压应力对疲劳寿命的影响，使用 Morrow 修正得到等效应力幅值为

$$\bar{\sigma}_{e,h}^a = \sigma_{e,h}^a \left[1 - \frac{\max(\sigma_{e,h}^m, 0)}{\sigma_u}\right]^{-1} \tag{2.24}$$

式中 σ_u ——材料极限拉伸强度，取决于材料属性。

其中等效应力幅值 $\bar{\sigma}_{e,h}^a$ 与预估疲劳寿命 $N_{e,h}$ 的关系由 log‐log 形式的 S‐N 曲线 Basquin's 公式决定，即

$$\bar{\sigma}_{e,h}^a = \sigma_f'(2N_{e,h})^b \tag{2.25}$$

式中 σ'_f——所用材料的疲劳强度系数，取决于材料属性；

b——疲劳强度指数，为 log-log 形式 S-N 曲线的斜率，取决于材料属性。

根据式（2.24）和式（2.25），可将式（2.14）改写为

$$\overline{D}_e = \sum_h \frac{2n_{e,h}\sigma'_f}{(\overline{\sigma}^a_{e,h})^{\frac{1}{b}}} \qquad (2.26)$$

2.2.3 敏度分析

本节对目标函数 g_0 和约束函数 g 进行敏度分析。

根据链式求导法则，目标函数 g_0 和约束函数 g 对设计变量 ρ_i 导数为

$$\frac{\partial \Gamma}{\partial \rho_i} = \sum_{e \in N_i} \frac{\partial \Gamma}{\partial \overline{\rho}_e} \frac{\partial \overline{\rho}_e}{\partial \widetilde{\rho}_e} \frac{\partial \widetilde{\rho}_e}{\partial \rho_i} \qquad (2.27)$$

式中 Γ——目标函数 g_0，或者约束函数 g。

其中，$\dfrac{\partial \overline{\rho}_e}{\partial \widetilde{\rho}_e}$ 与 $\dfrac{\partial \widetilde{\rho}_e}{\partial \rho_i}$ 的表达式参见式（2.2）与式（2.3）。

对于目标函数 g_0，由式（2.7）易得 $\dfrac{\partial g_0}{\partial \overline{\rho}_e} = v_e$。而对约束函数 g 则有

$$\frac{\partial g}{\partial \overline{\rho}_j} = \sum_e \frac{\partial g}{\partial D_e} \frac{\partial D_e}{\partial \overline{D}_e} \frac{\partial \overline{D}_e}{\partial \overline{\rho}_j}$$

$$= cp^{(l)} \left[\sum_e (D_e)^\mu \right]^{\frac{1}{\mu}-1} \eta \sum_e (D_e)^{\mu-1} (\overline{D}_e)^{\eta-1} \frac{\partial \overline{D}_e}{\partial \overline{\rho}_j}$$

$$(2.28)$$

由式（2.26）可得

$$\frac{\partial \overline{D}_e}{\partial \overline{\rho}_j} = \sum_h \left(\frac{\partial \overline{D}_{e,h}}{\partial \sigma^a_{e,h}} \cdot \frac{\partial \sigma^a_{e,h}}{\partial \overline{\rho}_j} + \frac{\partial \overline{D}_{e,h}}{\partial \sigma^m_{e,h}} \cdot \frac{\partial \sigma^m_{e,h}}{\partial \overline{\rho}_j} \right) \qquad (2.29)$$

由式（2.22）、式（2.23）和式（2.29），则 $\partial\sigma^a_{e,h}/\partial\overline{\rho}_j$ 和 $\partial\sigma^m_{e,h}/\partial\overline{\rho}_j$ 表达为

$$\frac{\partial\sigma^a_{e,h}}{\partial\overline{\rho}_j}=\frac{1}{2}\left[\frac{\partial\sigma^{SVM}_{e,h}(t_{\max})}{\partial\overline{\rho}_j}-\frac{\partial\sigma^{SVM}_{e,h}(t_{\min})}{\partial\overline{\rho}_j}\right] \quad (2.30)$$

$$\frac{\partial\sigma^m_{e,h}}{\partial\overline{\rho}_j}=\frac{1}{2}\left[\frac{\partial\sigma^{SVM}_{e,h}(t_{\max})}{\partial\overline{\rho}_j}+\frac{\partial\sigma^{SVM}_{e,h}(t_{\min})}{\partial\overline{\rho}_j}\right] \quad (2.31)$$

式（2.28）可改写为

$$\frac{\partial g}{\partial\overline{\rho}_j}=\Lambda\sum_e\Theta_e\sum_h\left[\Phi_{e,h}\frac{\partial\sigma^{SVM}_{e,h}(t_{\max})}{\partial\overline{\rho}_j}+\psi_{e,h}\frac{\partial\sigma^{SVM}_{e,h}(t_{\min})}{\partial\overline{\rho}_j}\right]$$

$$=\Lambda\sum_e\Theta_e\sum_h\Phi_{e,h}\frac{\partial\sigma^{SVM}_{e,h}(t_{\max})}{\partial\overline{\rho}_j}+\Lambda\sum_e\Theta_e\sum_h\psi_{e,h}\frac{\partial\sigma^{SVM}_{e,h}(t_{\min})}{\partial\overline{\rho}_j}$$

$$(2.32)$$

其中

$$\begin{cases} \Lambda=cp\left[\sum_e(D_e)^{\mu}\right]^{\frac{1}{\mu}-1}\eta \\[2mm] \Theta_e=(D_e)^{\mu-1}(\overline{D}_e)^{\eta-1} \\[2mm] \Phi_{e,h}=\dfrac{\partial\overline{D}_{e,h}}{\partial\sigma^m_{e,h}}+\dfrac{\partial\overline{D}_{e,h}}{\partial\sigma^a_{e,h}} \\[4mm] \psi_{e,h}=\dfrac{\partial\overline{D}_{e,h}}{\partial\sigma^m_{e,h}}-\dfrac{\partial\overline{D}_{e,h}}{\partial\sigma^a_{e,h}} \end{cases} \quad (2.33)$$

忽略时间 $t_{\max}$ 和 $t_{\min}$，则带符号的米塞斯应力 $\sigma^{SVM}_{e,h}$ 对物理密度 $\overline{\rho}_j$ 的导数为

$$\frac{\partial\sigma^{SVM}_{e,h}}{\partial\overline{\rho}_j}=\left(\frac{\partial\sigma^{SVM}_{e,h}}{\partial\boldsymbol{\sigma}_{e,h}}\right)^{\mathrm{T}}\cdot\frac{\partial\boldsymbol{\sigma}_{e,h}}{\partial\overline{\rho}_j} \quad (2.34)$$

对于平面问题和空间问题，式（2.34）中的分项 $\dfrac{\partial\sigma^{SVM}_{e,h}}{\partial\boldsymbol{\sigma}_{e,h}}$ 表达式分别为

$$\frac{\partial \sigma_{e,h}^{SVM}}{\partial \boldsymbol{\sigma}_{e,h}} = \frac{1}{2\sigma_{e,h}^{SVM}} \begin{bmatrix} 2\sigma_{ex,h} - \sigma_{ey,h} \\ 2\sigma_{ey,h} - \sigma_{ex,h} \\ 6\tau_{exy,h} \end{bmatrix} \tag{2.35}$$

$$\frac{\partial \sigma_{e,h}^{SVM}}{\partial \boldsymbol{\sigma}_{e,h}} = \frac{1}{2\sigma_{e,h}^{SVM}} \begin{bmatrix} 2\sigma_{ex,h} - \sigma_{ey,h} - \sigma_{ez,h} \\ 2\sigma_{ey,h} - \sigma_{ex,h} - \sigma_{ez,h} \\ 2\sigma_{ez,h} - \sigma_{ex,h} - \sigma_{ey,h} \\ 6\tau_{exy,h} \\ 6\tau_{exz,h} \\ 6\tau_{eyz,h} \end{bmatrix} \tag{2.36}$$

由式（2.13）可得，式（2.31）中惩罚应力矢量 $\boldsymbol{\sigma}_{e,h}$ 对物理密度 $\bar{\rho}_j$ 的导数为

$$\frac{\partial \boldsymbol{\sigma}_{e,h}}{\partial \bar{\rho}_j} = \frac{\partial \bar{\rho}_e^{\gamma}}{\partial \bar{\rho}_j} \boldsymbol{C}_0 \boldsymbol{B}_c \boldsymbol{u}_{j,h} + \bar{\rho}_e^{\gamma} \boldsymbol{C}_0 \boldsymbol{B}_c \frac{\partial \boldsymbol{u}_{e,h}}{\partial \bar{\rho}_j} \tag{2.37}$$

显然，当且仅当 $e = j$ 时，才有 $\dfrac{\partial \bar{\rho}_e^{\gamma}}{\partial \bar{\rho}_j} \neq 0$ 成立，故式（2.34）可改写为

$$\frac{\partial \boldsymbol{\sigma}_{e,h}}{\partial \bar{\rho}_j} = \gamma \bar{\rho}_j^{\gamma-1} \boldsymbol{C}_0 \boldsymbol{B}_c \boldsymbol{u}_{j,h} + \bar{\rho}_e^{\gamma} \boldsymbol{C}_0 \boldsymbol{B}_c \frac{\partial \boldsymbol{u}_{e,h}}{\partial \bar{\rho}_j} \tag{2.38}$$

忽略时间 $t_{\max}$ 和 $t_{\min}$，第 h 个应力周期的等效有限元平衡方程为

$$\boldsymbol{K}\boldsymbol{u}_{,h} = \boldsymbol{F}_{,h} \tag{2.39}$$

假设外载荷是独立的，对式（2.39）求导可得

$$\frac{\partial \boldsymbol{u}_{,h}}{\partial \bar{\rho}_j} = -\boldsymbol{K}^{-1} \frac{\partial \boldsymbol{K}}{\partial \bar{\rho}_j} \boldsymbol{u}_{,h} \tag{2.40}$$

首先讨论式（2.32）中第二个等号后的第一项，将式（2.25）和式（2.37）代入式（2.29）中第二个等号后的第一项，得

$$\Lambda \sum_e \Theta_e \sum_h \Phi_{e,h} \frac{\partial \sigma_{e,h}^{SVM}}{\partial \overline{\rho}_j}$$

$$= \Lambda \sum_e \Theta_e \sum_h \Phi_{e,h} \left(\frac{\partial \sigma_{e,h}^{SVM}}{\partial \boldsymbol{\sigma}_{e,h}} \right)^{\mathrm{T}} \cdot \left(\gamma \overline{\rho}_j^{\gamma-1} \boldsymbol{C}_0 \boldsymbol{B}_c \boldsymbol{u}_{j,h} + \overline{\rho}_e^{\gamma} \boldsymbol{C}_0 \boldsymbol{B}_c \frac{\partial \boldsymbol{u}_{e,h}}{\partial \overline{\rho}_j} \right)$$

$$= \Lambda \sum_e \Theta_e \sum_h \Phi_{e,h} \left(\frac{\partial \sigma_{e,h}^{SVM}}{\partial \boldsymbol{\sigma}_{e,h}} \right)^{\mathrm{T}} \cdot \gamma \overline{\rho}_j^{\gamma-1} \boldsymbol{C}_0 \boldsymbol{B}_c \boldsymbol{u}_{j,h}$$

$$+ \Lambda \sum_e \Theta_e \sum_h \Phi_{e,h} \left(\frac{\partial \sigma_{e,h}^{SVM}}{\partial \boldsymbol{\sigma}_{e,h}} \right)^{\mathrm{T}} \overline{\rho}_e^{\gamma} \boldsymbol{C}_0 \boldsymbol{B}_c \boldsymbol{K}^{-1} \frac{\partial \boldsymbol{K}}{\partial \overline{\rho}_j} \boldsymbol{u}_{,h} \qquad (2.41)$$

建立以下的伴随方程，即

$$\boldsymbol{K} \boldsymbol{\lambda}_{,h} = \Lambda \sum_e \Theta_e \sum_h \Phi_{e,h} \rho_e^{\gamma} \boldsymbol{B}_c^{\mathrm{T}} \boldsymbol{C}_0^{\mathrm{T}} \frac{\partial \sigma_{e,h}^{SVM}}{\partial \boldsymbol{\sigma}_{e,h}} \qquad (2.42)$$

式中　$\boldsymbol{\lambda}_{,h}$——伴随方程对应的整体载荷向量，由求解式（2.42）得出。

将式（2.42）解出的 $\boldsymbol{\lambda}_{,h}$ 代入式（2.41）中第二个等号后的第一项，可得

$$\Lambda \sum_e \Theta_e \sum_h \Phi_{e,h} \frac{\partial \sigma_{e,h}^{SVM}}{\partial \overline{\rho}_j} = \Lambda \sum_e \Theta_e \sum_h \Phi_{e,h} \left[\frac{\partial \sigma_{e,h}^{SVM}}{\partial \boldsymbol{\sigma}_{e,h}} \right]^{\mathrm{T}} \gamma \overline{\rho}_j^{\gamma-1} \boldsymbol{C}_0 \boldsymbol{B}_c \boldsymbol{u}_{j,h}$$

$$+ \boldsymbol{\lambda}_{,h} \frac{\partial \boldsymbol{K}}{\partial \overline{\rho}_j} \boldsymbol{u}_{,h} \qquad (2.43)$$

同理，式（2.41）中第二个等号后的第二项也可通过建立伴随方程解出。

2.3　优　化　流　程

基于累积疲劳损伤惩罚的优化模型的优化流程如图 2.1 所示，具体描述如下：

（1）输入有限元模型，包括网格、单元和节点数据和载荷数据。

（2）利用已知的网格、单元和节点数据进行有限元建模。

（3）使用雨流计数法对疲劳载荷数据进行分析，并得到载荷谱比例系数。

（4）利用有限元模型和载荷谱比例系数进行准静态有限元计算。

（5）计算出单元累积惩罚损伤。

（6）计算出单元累积惩罚损伤敏度。

（7）根据单元累积惩罚损伤及其敏度。

（8）判断迭代是否收敛，若收敛则进行下一步，若不收敛则返回第（4）步。

（9）输出拓扑优化结果。

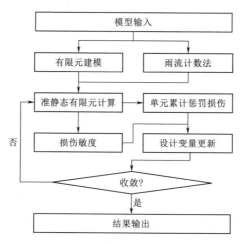

图 2.1　抗疲劳拓扑优化流程

2.4 数值算例

本节将对四个数值算例进行详细分析，通过对比来验证所提抗疲劳优化方法的有效性。在所有的算例中，运动极限参数取值 $m=0.02$ 以保证优化迭代的稳健性。二维和三维算例分别采用四节点正方形和八节点正方体单元，单元尺寸均为 10mm。V_0 为设计域总体积。数值算例结果展示为单元的物理密度 [式（2.2）] 和惩罚累计损伤 [式（2.6）] 的分布。算例中使用 AISI 1020 HR steel 材料，弹性模量和泊松比分别为 203GPa 和 0.3；疲劳强度系数 σ_f、极限拉伸强度 σ_y 和疲劳强度指数 b 分别为 1384MPa、262MPa 和 -0.156。

【算例 1】

优化了比例载荷下单位厚度的 L 形平面结构，以考察累计损伤惩罚因子 δ 对最终拓扑和迭代历程稳定性的影响。结构的设计域、非设计域、载荷条件和边界条件如图 2.2 所示，设计域被离散为 6400 个平面应力单元，结构顶部边缘全约束，右上角点受到变幅值比例载荷作用。为避免应力集中现象的发生，将外载荷平均分配到相邻的 25 个节点上。如图 2.2 所示，设置受力点附近的 16 个单元的设计变量恒为 1。表 2.1 和图 2.3 为时变载荷的数据，载荷的循环次数为 2×10^6 次。设置包络参数为 8，最大迭代次数为 1000 次。物理密度的投影函数参数初值 $\beta_0=1$，最大值 $\beta_{\max}=16$。损伤惩罚因子 δ 分别取 0.5、1.0、1.5 和 2.0，则不同损伤惩罚因子 δ 下的体积分数的迭代历史如图 2.4 所示，其拓扑结构和对应的损伤分布如图 2.5 所示，其优化过程每隔 200 步的中间结果见表 2.2。

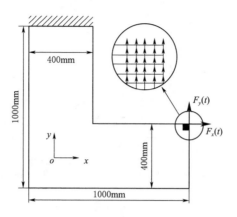

图 2.2 设计域与边界条件

表 2.1 时变载荷的数据

时间/s	0	1	2	3	4	5	6	7	8	9	10
载荷/N	200	−80	120	−160	160	−80	40	−120	20	−80	200

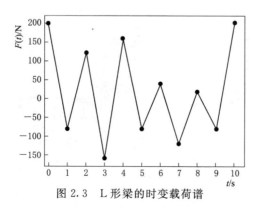

图 2.3 L 形梁的时变载荷谱

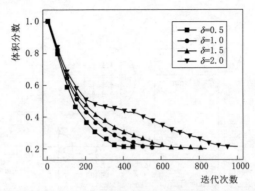

图 2.4 不同损伤惩罚因子 δ 下的体积分数的迭代历史

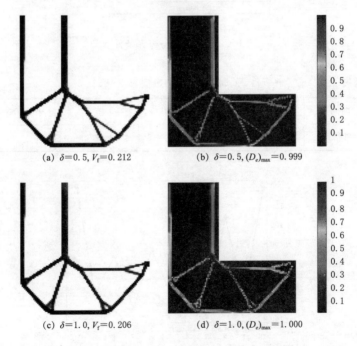

(a) $\delta=0.5$, $V_f=0.212$　　　　　(b) $\delta=0.5$, $(D_e)_{max}=0.999$

(c) $\delta=1.0$, $V_f=0.206$　　　　　(d) $\delta=1.0$, $(D_e)_{max}=1.000$

图 2.5 （一） 不同损伤惩罚因子 δ 下拓扑结构
（左）和对应的损伤分布（右）

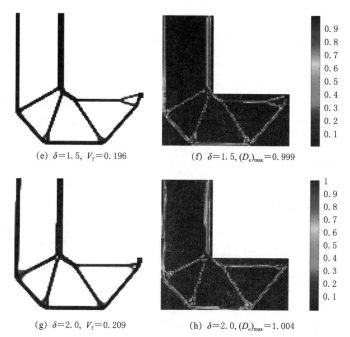

(e) $\delta=1.5$, $V_f=0.196$ (f) $\delta=1.5$, $(D_e)_{max}=0.999$

(g) $\delta=2.0$, $V_f=0.209$ (h) $\delta=2.0$, $(D_e)_{max}=1.004$

图 2.5（二）　不同损伤惩罚因子 δ 下拓扑结构
（左）和对应的损伤分布（右）

表 2.2　不同损伤惩罚因子 δ 下的优化过程每隔 200 步的中间结果

迭代步	$\delta=0.5$	$\delta=1.0$	$\delta=1.5$	$\delta=2.0$
200				
400				

续表

迭代步	$\delta=0.5$	$\delta=1.0$	$\delta=1.5$	$\delta=2.0$
600	—	—	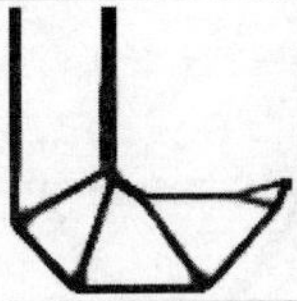	
800	—	—	—	
最后结果	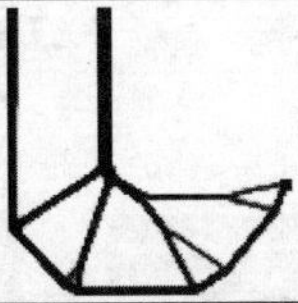	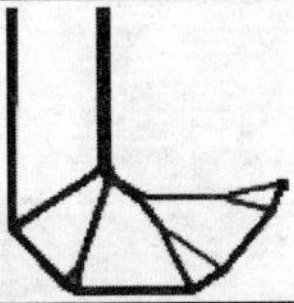	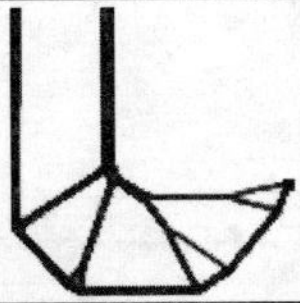	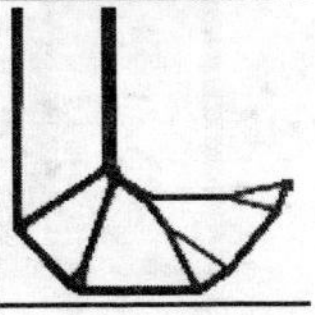

由图 2.5 可知，对于所有损伤惩罚因子 δ，优化结果均在 L 形结构拐角处产生过渡圆弧以有效避免拐角处应力集中现象的发生。对于所有的优化结果，其最大惩罚损伤均略低于指定的阈值 1。显而易见，优化结果受损伤惩罚因子 δ 影响，即随着损伤惩罚因子 δ 增大，优化结构体积分数 V_f 会减小，且需要更多的迭代步数以达到收敛，例如当 $\delta=2.0$，优化所需的步数明显增加，而优化后的体积分数并没有减少，因此在后面的算例中，不推荐 δ 的取值大于 1.5。

【算例 2】

该算例用于考察在考虑平均应力修正的情况下，平均应力对抗疲劳拓扑优化优化结果的影响。图 2.6 展示了 4425 个双线性四节点单元离散而成双 L 形梁的设计域、边界条件及时变载荷谱。结构上下端完全约束，外载荷均匀分布在 30 个相邻节点上，受力点对应的单元的设计变量保持为 1。时序载荷数据见表

2.3，固定损伤惩罚因子 $\delta=1$，其余参数与算例 1 相同。考虑 Morrow 修正 [式(2.24)] 和不考虑 Morrow 修正 [式(2.16)] 下的拓扑优化结果和累计惩罚损伤分布如图 2.7 所示。

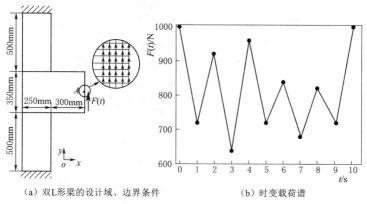

（a）双 L 形梁的设计域、边界条件　　（b）时变载荷谱

图 2.6　双 L 形梁的设计域、边界条件及时变载荷谱

表 2.3　　　　时 序 载 荷 数 据

时间/s	0	1	2	3	4	5	6	7	8	9	10
载荷/N	1000	720	920	640	960	720	840	680	820	720	1000

　　由图 2.7 可知，拓扑优化结果在拐角处均产生了自然圆弧过渡结果，进一步表明所提方法均能避免在拐角处产生疲劳断裂。当不考虑平均应力的影响时，优化结果的材料布局和损伤分布是对称的。而当考虑平均应力的影响时，在不对称的拉应力和压应力的同时作用下产生了不对称的拓扑优化结构。当 Morrow 进行平均应力修正，对于给定的随机时序载荷，结构的上拐角处主要承受压应力，且在此结构的上半部分并没有产生几个支路结构以抵抗外力。该优化结果符合工程直觉。由此可知，所提方法能有效处理平均应力效应，保证了优化结构的疲劳强度。

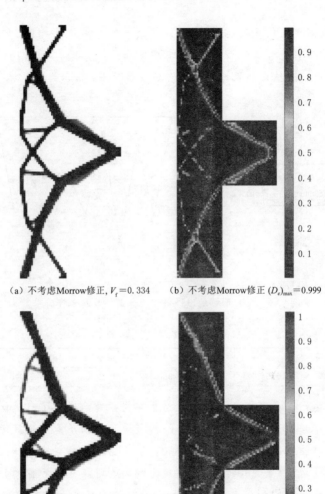

（a）不考虑Morrow修正，$V_{\mathrm{f}}=0.334$　　（b）不考虑Morrow修正 $(D_e)_{\max}=0.999$

（c）考虑Morrow修正，$V_{\mathrm{f}}=0.367$　　（d）考虑Morrow修正，$(D_e)_{\max}=1.000$

图 2.7　【算例 2】的拓扑结构（左）和对应的损伤分布（右）

【算例3】

该算例用于验证所提方法在非比例载荷作用下的可行性。设结构右端受到垂直和水平时变载荷，数据如图 2.8 和表 2.4 所示，载荷循环次数为 4×10^6 次。其余参数与【算例1】一致。图 2.9 为不同损伤惩罚因子 δ 下拓扑结构和对应的损伤分布。

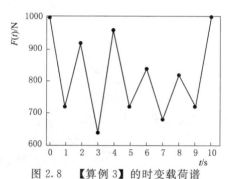

图 2.8 【算例3】的时变载荷谱

表 2.4 用于对比不同损伤惩罚因子的非比例载荷数据

时间/s	0	1	2	3	4	5	6	7	8	9	10
水平方向载荷/N	168	−4	60	−128	100	−40	20	−80	2	−60	168
垂直方向载荷/N	200	−80	120	−160	160	−80	40	−120	20	−80	200

(a) $\delta = 0.5$, $V_f = 0.316$ (b) $\delta = 0.5$, $(D_e)_{max} = 0.998$

图 2.9（一） 不同损伤惩罚因子 δ 下拓扑结构（左）
和对应的损伤分布（右）

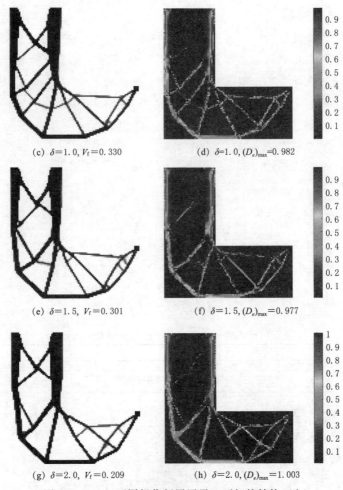

(c) δ=1.0, V_f=0.330

(d) δ=1.0, $(D_e)_{\max}$=0.982

(e) δ=1.5, V_f=0.301

(f) δ=1.5, $(D_e)_{\max}$=0.977

(g) δ=2.0, V_f=0.209

(h) δ=2.0, $(D_e)_{\max}$=1.003

图 2.9（二） 不同损伤惩罚因子 δ 下拓扑结构（左）
和对应的损伤分布（右）

由图 2.9 可知，累计损伤惩罚因子 δ 对优化结果的影响规律与算例 1 相似，即当损伤惩罚因子 δ 越大，拓扑结构的体积分数越小，优化结果中大部分材料的累计疲劳损伤均接近上限

1。对比图 2.5，图 2.9 中 L 形梁的左上角产生了交叉结构，这是考虑了非比例载荷中水平载荷的效果。

为进一步对比比例载荷和非比例载荷对抗疲劳拓扑优化结果的影响，考虑如表 2.5 所示的用于对比比例载荷与非比例载荷的载荷数据，其拓扑结构和对应的损伤分布如图 2.10 所示。

表 2.5   用于对比比例载荷与非比例载荷的载荷数据

时间/s	0	1	2	3	4	5	6	7	8	9	10
F_x/N	80	-32	48	-64	64	-32	16	-48	8	-32	80
F_y/N	200	-80	120	-160	160	-80	40	-120	20	-80	200

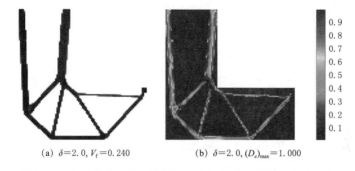

(a) $\delta = 2.0$, $V_f = 0.240$ (b) $\delta = 2.0$, $(D_e)_{max} = 1.000$

图 2.10   比例载荷下的拓扑结构（左）和对应的损伤分布（右）

对比图 2.9 和图 2.10 可知，不同大小和方向的时序载荷会使拓扑结构产生显著的影响。所提方法在结构承受比例载荷和非比例载荷时均能在限制其疲劳损伤的情况下降低结构总重量，并将材料自动分配到合适的位置，实现抗疲劳设计。综上所述，所提方法能够有效处理比例载荷和非比例载荷下的抗疲劳拓扑优化问题。

【算例 4】

本算例用来验证所提方法在大规模有限元问题中的适用性。如图 2.11 所示，三维设计域尺寸分别为 800mm、400mm

和 100mm,设计域被离散为 32000 个立方体单元。左端面全约束,右端面在如图所示位置受到均布在 27 个相邻节点的垂直时变载荷 $F(t)$ 作用,时变载荷谱如图 2.12 所示,时变载荷数据见表 2.6。时变载荷的循环次数为 $1×10^{10}$ 次,包络参数 $\mu=4$,其余参数与算例 1 相同。本算例讨论了不同疲劳惩罚因子 δ 对拓扑优化结果的影响,这里参数分别取值 0.5、1.0 和 1.5,对应的优化结果如图 2.13 所示。

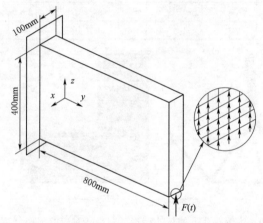

图 2.11 【算例 4】的设计域、边界条件和载荷条件

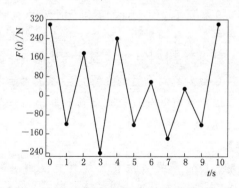

图 2.12 【算例 4】的时变载荷谱

表 2.6　　　　　　　【算例 4】的时变载荷数据

t/s	0	1	2	3	4	5	6	7	8	9	10
F/N	300	−120	180	−240	240	−120	60	−180	30	−120	300

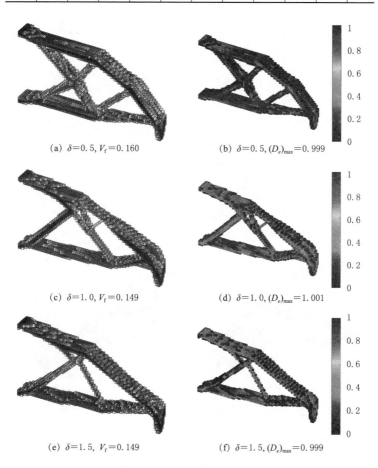

(a) $\delta=0.5,\ V_{f}=0.160$　　　　　　(b) $\delta=0.5,\ (D_{e})_{max}=0.999$

(c) $\delta=1.0,\ V_{f}=0.149$　　　　　　(d) $\delta=1.0,\ (D_{e})_{max}=1.001$

(e) $\delta=1.5,\ V_{f}=0.149$　　　　　　(f) $\delta=1.5,\ (D_{e})_{max}=0.999$

图 2.13　三维算例中不同损伤惩罚因子 δ 下的拓扑结构（左）
和对应损伤分布（右）

由图 2.13 可知，优化结构沿 x 轴厚度方向产生了不同的拓扑结构。由损伤分布可知，结构最大损失位置位于约束平面的两个边缘。通过对比不同损伤惩罚因子 δ 下的惩罚损伤分布可知，较大数值的 δ，如 $\delta = 1.5$ 时则有利于使结构的损伤分布更加均匀。换言之，当损伤惩罚因子 δ 越大，材料会被分配到越合适的位置上。

为对比所提方法和传统刚度最大化下拓扑优化结果的异同，考虑体积约束为 0.149（对应于 $\delta = 1.0$ 的优化结果）的柔顺度最小化问题，其拓扑优化结果如图 2.14 所示。由图 2.14 可知，在相同体积分数的前提下，传统刚度优化结构累计损伤值为 5.840，远远超过许用累计损伤值，且累计损伤分布极不均匀，主要集中在约束处的两个边缘和承载局部区域内，并未充分发挥结构抗疲劳的潜力。综上所述可知，所提抗疲劳设计方法在三维算例上具有可行性和有效性。

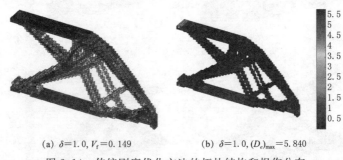

(a) $\delta = 1.0$, $V_f = 0.149$ (b) $\delta = 1.0$, $(D_e)_{\max} = 5.840$

图 2.14 传统刚度优化方法的拓扑结构和损伤分布

2.5 本 章 小 结

本章建立了累积疲劳损伤约束下结构体积最小化拓扑优化

列式，参考应力约束问题，采用包络函数实现了对众多单元累积疲劳损伤约束函数的凝聚，从而转换为单一约束条件下的拓扑优化问题，便于优化求解。在单元累积疲劳损伤约束函数中，引入了疲劳损伤惩罚因子，从而降低了拓扑优化结构陷入到局部最优解的可能性。在此基础上，推导了疲劳损伤的敏度表达式。通过数值算例，通过结果对比和分析，验证了所提抗疲劳拓扑优化方法的可行性和优越性。

第 3 章

基于增广拉格朗日函数求解的
抗疲劳拓扑优化方法

3.1 引　　言

近来，抗疲劳拓扑优化受到了越来越多的关注，大多数文献将此问题视为基于应力的拓扑优化的简单延伸。然而，当涉及一般载荷时，以前的方法可能无法适用。这是因为以往的研究普遍采用的常规单轴雨流计数法可能会导致大的误差。而且，一般载荷的引入给抗疲劳拓扑优化增加了更多的非线性，使得寻找最优解变得更加困难。为应对这个问题，本章提出一种考虑一般载荷的抗疲劳拓扑优化的新方法。在估计结构损伤过程中，本章采用独立的雨流计数法。随后采用损伤惩罚模型来调整疲劳损伤值，以降低非线性。为展示独立雨流计数法的必要性，本章提供一个双 L 形结构在一般载荷下的例子。本章引入增广拉格朗日方法，将许多损伤约束方程转换为目标函数，产生一系列的有界约束优化子问题。在采用了典型的 SIMP 方法之后，导出函数相对于设计变量的相对灵敏度，这有利于有效地利用渐近移动线算法（method of moving asymptotes，MMA）求解。通过二维和三维的算例，验证了所提出方法相较于传统方法的有效性。此外也进一步研究一般载荷、损伤惩罚模型和制造错误鲁棒性的影响。另外，通过所提方法，风力发电机轴承支撑的抗疲劳性能得到提高，且其总重量减少 25.40%。所提方法更为有效地解决抗疲劳拓扑优化的非线性和局部性问题。研究结果表明，所提方法可以为一般载荷下的模型设计出更加轻量化的结构。

3.2 基于增广拉格朗日函数求解的抗疲劳拓扑优化方法

3.2.1 基于增广拉格朗日法的抗疲劳拓扑优化列式

与第 2 章相同，抗疲劳拓扑优化列式为

$$
\begin{cases}
\text{find}: \boldsymbol{\rho} \\
\min: g_0 = \sum_{e=1}^{NE} \overline{\rho}_e v_e \\
\text{s. t. } g_e = \overline{D}_e - 1 \leqslant 0 (e = 1, 2, \cdots, NE) \\
0 \leqslant \rho_e \leqslant 1 (e = 1, 2, \cdots, NE)
\end{cases}
\tag{3.1}
$$

与第 2 章不同的是，本章并不采用包络方式对众多约束进行处理，而是通过引入归一化增广拉格朗日方法，将原始的拓扑优化问题转化为一系列无约束优化问题进行求解，即

$$
\begin{cases}
\text{find}: \boldsymbol{\rho} \\
\min: J^{(k)} = g_0 + \dfrac{1}{N} P^{(k)} \\
\text{s. t. }: 0 \leqslant \rho_e \leqslant 1 (e = 1, 2, \cdots, NE)
\end{cases}
\tag{3.2}
$$

其中上标 k 表示第 k 次增广拉格朗日优化求解迭代；常数

35

N 与 NE 的关系满足 $N = sf \cdot NE$。sf 的目的是在增广拉格朗日框架内缩放约束函数的影响。增加 sf 的值可以放松约束函数,从而更快地澄清拓扑结构。相反,减小 sf 的值会导致更严格的约束效果。基于数值经验,建议采用两步方案对 sf 进行调整:在拓扑不明确时,首先使用较大的 sf 值,然后使用较小的 sf 值以实现更好的约束效果。

在式(3.2)中,惩罚项 P 表示为

$$P^k = \sum_{e=1}^{NE} \left[\lambda_e^{(k)} h_e^{(k)} + \frac{\mu^{(k)}}{2} \left[h_e^{(k)} \right]^2 \right] \tag{3.3}$$

其中

$$h_e^{(k)} = \max \left[g_e^{(k)}, -\frac{\lambda_e^{(k)}}{\mu} \right] \tag{3.4}$$

在式(3.4)中,λ_j 和 μ 表示拉格朗日乘子估计值和罚函数因子。第 $(k+1)$ 次增广拉格朗日迭代中 $\lambda_e^{(k)}$ 和 μ 的值可以通过第 k 次增广拉格朗日迭代中的值进行更新,即

$$\mu^{(k+1)} = \min(1.1\mu^{(k)}, 10000) \tag{3.5}$$

$$\lambda_e^{(k+1)} = \lambda_j^{(k)} + \mu^{(k)} h_j^{(k)} \tag{3.6}$$

3.2.2 敏度分析

在本节中,将推导式(3.2)的敏度表达式。为了更好地推导公式,我们将设计变量的下标重置为 m,物理密度的下标重置为 e。对于第 m 个设计变量,J 关于 ρ_m 的灵敏度为

$$\frac{\partial J}{\partial \rho_m} = \sum_{e \in \vartheta_m} \frac{\partial J}{\partial \overline{\rho}_e} \frac{\partial \overline{\rho}_e}{\partial \widetilde{\rho}_e} \frac{\partial \widetilde{\rho}_e}{\partial \rho_m}$$

$$= \sum_{e \in \vartheta_m} \frac{\partial g_0}{\partial \overline{\rho}_e} \frac{\partial \overline{\rho}_e}{\partial \widetilde{\rho}_e} \frac{\partial \widetilde{\rho}_e}{\partial \rho_m} + \frac{1}{N} \sum_{e \in \vartheta_m} \frac{\partial P}{\partial \overline{\rho}_e} \frac{\partial \overline{\rho}_e}{\partial \widetilde{\rho}_e} \frac{\partial \widetilde{\rho}_e}{\partial \rho_m} \tag{3.7}$$

式(3.3)中惩罚项的敏度为

$$\frac{\partial P}{\partial \overline{\rho}_e} = \sum_{j=1}^{N_e} (\lambda_j + \mu h_j) \frac{\partial h_j}{\partial \overline{\rho}_e} = \begin{cases} \sum_{j=1}^{N_e} (\lambda_j + \mu h_j) \frac{\partial g_j}{\partial \overline{\rho}_e} = \\[2mm] \sum_{j=1}^{N_e} (\lambda_j + \mu h_j) \frac{\partial D_j}{\partial \overline{D}_j} \frac{\partial \overline{D}_j}{\partial \overline{\rho}_e} = \\[2mm] \sum_{j=1}^{N_e} a_j \frac{\partial \overline{D}_j}{\partial \overline{\rho}_e}, h_j = g_j \\[2mm] 0, h_j = -\frac{\lambda_j}{\mu} \end{cases}$$

$$(3.8)$$

其中

$$a_j = (\lambda_j + \mu h_j)^{\mathrm{T}} \frac{\partial D_j}{\partial \overline{D}_j} \qquad (3.9)$$

下文所有的推导都是基于 $h_j = g_j$ 的假设。根据链式法则，$\frac{\partial \overline{D}_j}{\partial \overline{\rho}_e}$ 可以表示为

$$\frac{\partial \overline{D}_j}{\partial \overline{\rho}_e} = \left[\sum_{i=1}^{I_j} \frac{\partial \overline{D}_j}{\partial N_{j,i}} \frac{\partial N_{j,i}}{\partial \sigma_{j,i}^{eq}} \frac{\partial \sigma_{j,i}^{eq}}{\partial^{q_1} \boldsymbol{\sigma}_j} \right] \frac{\partial^{q_1} \boldsymbol{\sigma}_j}{\partial \overline{\rho}_e}$$

$$+ \left[\sum_{i=1}^{I_j} \frac{\partial \overline{D}_j}{\partial N_{j,i}} \frac{\partial N_{j,i}}{\partial \sigma_{j,i}^{eq}} \frac{\partial \sigma_{j,i}^{eq}}{\partial^{q_2} \boldsymbol{\sigma}_j} \right] \frac{\partial^{q_2} \boldsymbol{\sigma}_j}{\partial \overline{\rho}_e} + \cdots$$

$$= {}^{q_1} \boldsymbol{c}_j \frac{\partial^{q_1} \boldsymbol{\sigma}_j}{\partial \overline{\rho}_e} + {}^{q_2} \boldsymbol{c}_j \frac{\partial^{q_2} \boldsymbol{\sigma}_j}{\partial \overline{\rho}_e} + \cdots = \sum_{q=1}^{Q} {}^q \boldsymbol{c}_j \frac{\partial^q \boldsymbol{\sigma}_j}{\partial \overline{\rho}_e}$$

$$(3.10)$$

3.2.3　基于 MMA 算法的优化求解

当 AL 函数建立，其在设计变量 $\boldsymbol{\rho}^{(k)}$ 处的 MMA 近

似为[59]。

$$\min_{\rho_e \in [0,1]} : \widetilde{\mathfrak{R}}^{(k)} = \mathfrak{R}^{(k)} - \sum_{e=1}^{NE} \left[\frac{b_e^{(k)}}{U_e^{(k)} - \rho_e^{(k)}} + \frac{d_e^{(k)}}{\rho_e^{(k)} - L_e^{(k)}} \right]$$

$$+ \sum_{e=1}^{NE} \left[\frac{b_e^{(k)}}{U_e^{(k)} - \rho_e} + \frac{d_e^{(k)}}{\rho_e - L_e^{(k)}} \right]$$

$$\text{s. t. : } \chi_e^{(k)} \leqslant \rho_e \leqslant \delta_e^{(k)} (e=1,2,\cdots,NE)$$

$$(3.11)$$

这里的上标 k 表示第 k 步迭代。设计变量的上下界可表示为

$$\chi_e^{(k)} = <\breve{\rho}_e, 0.9L_e^{(k)} + 0.1\rho_e^{(k)}>, \delta_e^{(k)} = <\hat{\rho}_e, 0.9U_e^{(k)} + 0.1\rho_e^{(k)}>$$

$$(3.12)$$

其中 $\breve{\rho}_e = <0, \rho_e^{(k)} - l>$, $\hat{\rho}_e = \langle 1, \rho_e^{(k)} + l \rangle$

符号 $<>$ 和 $\langle \rangle$ 分别表示其表达式中的最大/最小值。引入移动极限 l 来稳定优化迭代。

式（3.11）中的 $b_e^{(k)}$ 和 $d_e^{(k)}$ 计算为

$$b_e^{(k)} = (U_e^{(k)} - \rho_e^{(k)})^2 \left[\left\langle \left(\frac{\partial \zeta^{(k)}}{\partial \rho_e} \right) \Big|_{\rho_e = \rho_e^{(k)}}, 0 \right\rangle \right.$$

$$\left. + 10^{-3} \left| \frac{\partial \mathfrak{R}^{(k)}}{\partial \rho_e} \right| + \frac{10^{-6}}{U_e^{(k)} - L_e^{(k)}} \right]$$

$$(3.13)$$

$$d_e^{(k)} = (\rho_e^{(k)} - L_e^{(k)})^2 \left[< -\left(\frac{\partial \zeta^{(k)}}{\partial \rho_e} \right) \Big|_{\rho_e = \rho_e^{(k)}}, 0> \right.$$

$$\left. + 10^{-3} \left| \frac{\delta \mathfrak{R}^{(k)}}{\partial \rho_e} \right| + \frac{10^{-6}}{U_e^{(k)} - L_e^{(k)}} \right]$$

$$(3.14)$$

参数 $L_e^{(k)}$ 和 $U_e^{(k)}$ 为

$$L_e^{(k)} = \rho_e^{(k)} - s_e^{(k)}(\hat{\rho}_e - \check{\rho}_e), U_e^{(k)} = \rho_e^{(k)} - s_e^{(k)}(\hat{\rho}_e - \check{\rho}_e)$$

$$(3.15)$$

参数 s_e 在迭代过程中动态更新为

$$s_e^{(k)} = \begin{cases} 0.2 & k < 2 \\ s_{\text{lower}}, k \geqslant 2, [\rho_e^{(k)} - \rho_e^{(k-1)}][\rho_e^{(k-1)} - \rho_e^{(k-2)}] < 0 \\ s_{\text{faster}}, k \geqslant 2, [\rho_e^{(k)} - \rho_e^{(k-1)}][\rho_e^{(k-1)} - \rho_e^{(k-2)}] > 0 \end{cases}$$

$$(3.16)$$

s_{lower} 和 s_{faster} 的值确定为

$$s_{\text{lower}}^{(k)} = \min[1.2, s_{\text{lower}}^{(k-1)}], s_{\text{faster}}^{(k)} = \max[0.6, s_{\text{faster}}^{(k-1)}] \qquad (3.17)$$

设计变量的最优解可以直接更新为

$$\rho_e^* = \langle \chi_e^{(k)}, \langle \delta_e^{(k)}, \Theta_e \rangle \rangle \qquad (3.18)$$

其中

$$\chi_e^{(k)} = \langle \rho_e^{(k)}, L_e^{(k)} + 0.1[\rho_e^{(k)} - L_e^{(k)}] \rangle \qquad (3.19)$$

$$\delta_e^{(k)} = \langle \rho_e^{(k)}, U_e^{(k)} - 0.1[\rho_e^{(k)} - U_e^{(k)}] \rangle \qquad (3.20)$$

$$\Theta_e = \frac{L_e^{(k)} b_e^{(k)} + U_e^{(k)} d_e^{(k)} + (U_e^{(k)} - L_e^{(k)})\sqrt{b_e^{(k)} d_e^{(k)}}}{b_e^{(k)} - d_e^{(k)}} \qquad (3.21)$$

3.3 优 化 流 程

本章将采用 Svanberg 教授开发的渐进移动线算法（method of moving asymptotes，MMA）来求解上述优化问题，每个 AL 迭代中进行 5 次 MMA 迭代（使用上标 u 表示）。为了说明所提出的算法，在图 3.1 中提供了一个简化的流程，其中参数 $iter$ 表示总迭代次数。

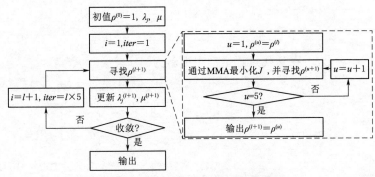

图 3.1 基于 AL 求解的优化流程图

3.4 数 值 算 例

本节包含二维和三维结构算例,以验证所提方法的可行性。二维和三维的设计域分别由四节点平面单元和八节点六面体单元离散化。所用材料 AISI 1020 HR 钢材的材料属性列在表 3.1 中。β 的起始值设置为 1,在前 200 次迭代后将其加倍为 2,然后每 50 步加倍一次,直到达到上限 β_{max}。参考以往的研究,为了避免优化过程中的数值不稳定性和收敛缓慢,β_{max} 设置为 12,用于中间材料的薄平滑过渡边界。式(2.2)中的参数 η 设置为 0.5。下面展示的所有累积损伤分布图均为未经惩罚的原始分布。MMA 优化器的移动极限 m 设置为 0.02 以稳定优化求解过程。最大总迭代次数设置为 1500。当 $\beta < \beta_{max}$ 时,参数 sf 的初始值为 1000,然后在 $\beta \geqslant \beta_{max}$ 时减少到 100。

表 3.1   所用材料 AISI 1020 HR 钢材的材料属性

E_0/GPa	σ_f/MPa	σ_u/MPa	ν	b
203	1384	262	0.3	-0.156

【算例1】

抗疲劳拓扑优化中，一般载荷的引入导致其具有高度的非线性特性。该算例优化了一个双 L 形结构，共包含 35200 个单元和 35721 个节点。双 L 形结构受到三个不同载荷工况影响：在载荷工况 1 下，一个变幅载荷 $F_1(t)$ 对结构的两侧对称施加，如图 3.2（a）所示；在载荷工况 2 下，$F_1(t)$ 和 $F_2(t)$ 对称施加，如图 3.2（b）所示；在载荷工况 3 中，在载荷工况 2 的基础上，将一个水平载荷 $F_1(t)$ 附加到结构的右下角，如图 3.2（c）所示。$F_1(t)$ 和 $F_2(t)$ 的载荷谱在图 3.3 中绘制，循环次数为 1×10^8 次。由于这个例子的目的不是展示累积疲劳损伤惩罚模型的影响，损伤惩罚因子设置为 $\delta=1$。图 3.4 展

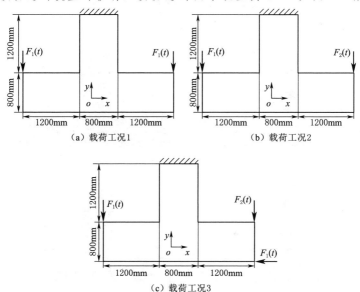

图 3.2　双 L 形结构受到不同载荷工况的影响

示了最终的拓扑结构和损伤分布，而表 3.2 比较了所得结果的体积分数和最大损伤。

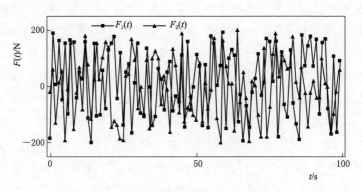

图 3.3　【算例 1】的载荷条件

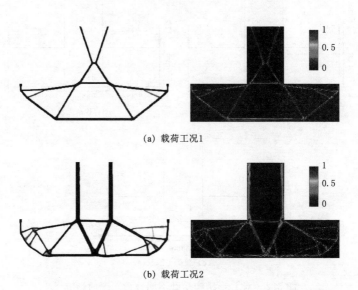

(a) 载荷工况 1

(b) 载荷工况 2

图 3.4（一）　双 L 形结构在不同载荷工况下的拓扑结构和损伤分布

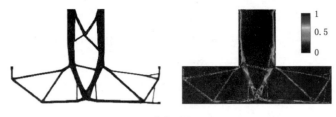

（c）载荷工况3

图 3.4（二） 双 L 形结构在不同载荷工况下的拓扑结构和损伤分布

表 3.2 体积分数、最大损伤及耗时

载荷工况	V/V_0	$(D_j)_{max}$	耗时/s
1	0.119	1.030	16731
2	0.196	1.022	16236
3	0.273	1.013	19428

结果表明，所提出的方法可以有效地限制不同载荷下结构的最大累积损伤。当施加比例载荷，即载荷工况 1 时，拓扑优化结果具有对称性。在载荷工况 2 和 3 中，这种对称性被破坏。与载荷工况 2 的结果相比，在载荷工况 3 中，拓扑优化结果顶部形成了几个连接杆以抵抗水平载荷。此外，普遍的载荷复杂性导致更高的结构损伤，进而导致更高的材料消耗和时间消耗，这一观察结果符合工程经验。

【算例 2】

在这个例子中，使用所提方法和传统的包络方法对 L 形结构进行优化，以展示在一般载荷条件下所提方法的优势。图 3.5（a）描述了结构设计域，该域被划分为 25600 个元素和 26001 个节点。左上角完全约束，右端受到时间变化的载

荷。为了防止域的右端出现应力集中，载荷均匀分布在
36 个节点上，并且附近的 25 个单元被设置为被动单元。图
3.5（b）绘制了典型时变载荷，重复次数为 1.3×10^8 次。

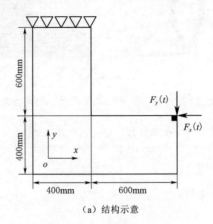

（a）结构示意

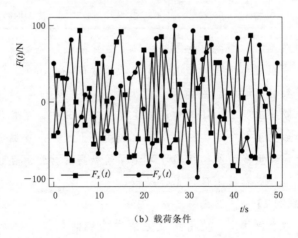

（b）载荷条件

图 3.5　L 形梁的结构示意及载荷条件

　　传统包络方法采用 p-范数函数和持续更新策略。聚合参

数从 $\chi_0 = 2$ 开始，第一次迭代后加倍，然后每 50 步加倍一次，直到达到上限 8。损伤惩罚因子 δ 设为 1。这里考虑两种负载情况：仅施加 $F_y(t)$（$Q=1$），以及同时施加 $F_x(t)$ 和 $F_y(t)$（$Q=2$）。载荷工况 1 和 2 中不同方法得到的拓扑优化结果如图 3.6 和图 3.7 所示。体积分数和最大损伤的对比见表 3.3，体积分数的迭代历程如图 3.8 所示。

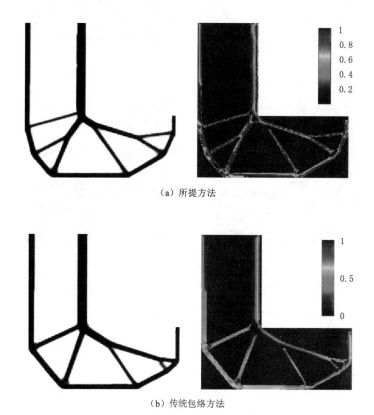

（a）所提方法

（b）传统包络方法

图 3.6　载荷工况 1 中不同方法得到的拓扑优化结果

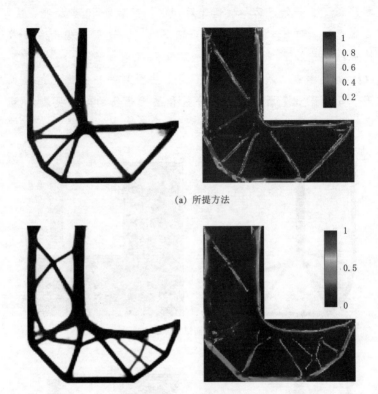

(a) 所提方法

(b) 传统包络方法

图 3.7　载荷工况 2 中不同方法得到的拓扑优化结果

表 3.3　　　　　　　　　　体积分数及最大损伤对比

方　　法	载荷工况	V/V_0	$(D_j)_{max}$
所提方法	1	0.226	1.012
	2	0.295	1.017
传统包络方法	1	0.241	0.996
	2	0.356	1.005

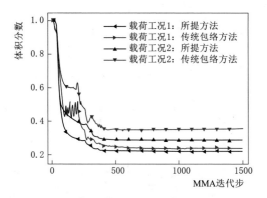

图 3.8 【算例 2】的迭代历史

损伤分布显示出所提方法具有较均匀的损伤分布，几乎所有单元的累积损伤接近上限值 1。然而，使用传统包络方法，L 形梁的凹角是唯一表出现满损伤状态的区域，而结构的其余部分则具有大量的冗余。这也在体积分数的比较中也有所体现，在载荷工况 1 下，所提方法的体积分数仅为 0.226，而传统包络方法为 0.241。在载荷工况 2 下，所提方法的优势比传统包络方法更加明显：所提方法的结果仍然可以在大多数结构中保持损伤均匀分布，而仅仅需要略微增加材料使用量，而传统包络方法的材料使用量在引入一般载荷后大幅增加。

此外，目标函数的迭代历史表明，所提方法可以迅速促使体积分数在不到 500 步内趋于稳定，而 p-范数方法的体积分数迭代历史表现出振荡，并相对缓慢地收敛，特别是考虑到一般载荷的情况。

【算例 3】

为检验本书所提出方法在抗疲劳拓扑优化的高度非线性问题下的优越性，将讨论式（2.6）中惩罚模型的影响，同时比较所提方法和传统包络方法。除损伤惩罚因子 δ 外，所有参数均与【算例 2】相同。在本例中，简单地应用了图 3.5（b）中的 $F_y(t)$。图 3.9 给出了所提方法和传统包络方法的拓扑结构和损伤分布。表 3.4 比较了【算例 3】的体积分数和最大损伤。

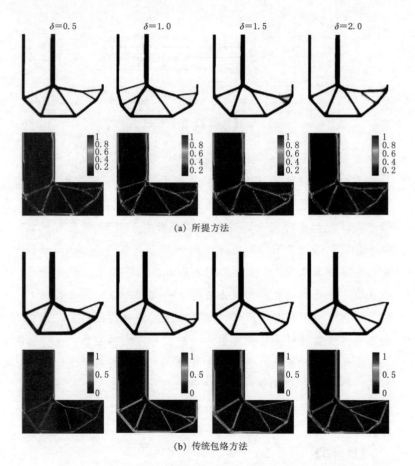

图 3.9　所提方法和传统包络方法的拓扑结构和损伤分布

表 3.4　　　　　算例 3 的体积分数和最大损伤对比

方　法	δ	V/V_0	$(D_j)_{\max}$
所提方法	0.5	0.216	1.005
	1.0	0.226	1.010
	1.5	0.227	1.005
	2.0	0.237	1.005
传统包络方法	0.5	0.269	1.009
	1.0	0.239	0.983
	1.5	0.234	1.005
	2.0	0.243	0.991

尽管不同的损伤惩罚因子会导致所提方法和传统包络方法产生不同的拓扑结构，但是所提方法中大多数单元的累积损伤都接近上限。相反，在传统包络方法中，累积损伤约束的效果严重依赖于 δ 的值，只有选择更激进的 δ 值，才能获得与所提方法相当的损伤分布。表 3.4 中的比较证明了所提方法在不同的 δ 下能够获得更轻的拓扑结构，而该方法对损伤惩罚因子 δ 的依赖性相对较小。总之，所提出的方法更适用于处理抗疲劳拓扑优化中高度非线性的特性，并且不太依赖惩罚模型。

【算例 4】

本算例拟采用三维半 H 形结构，并考察其在一般载荷下的抗疲劳性能，以验证所提出方法有效性，结构示意如图 3.10（a）所示。利用 xz 平面的对称性，只分析一半结构以加速分析过程，其中包含 28800 个单元和 34737 个节点。此外，将位于左上角和右上角的 9600 个单元指定为被动单元。为了进一步研究载荷持续时间的影响，典型的时变负载分别重复了 2×10^6 次和 4×10^6 次，如图 3.10（b）所示。优化结果如图 3.11 和图 3.12 所示。

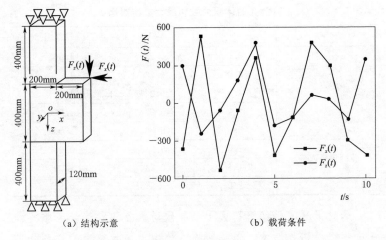

（a）结构示意 （b）载荷条件

图 3.10 三维半 H 形结构示意及载荷条件

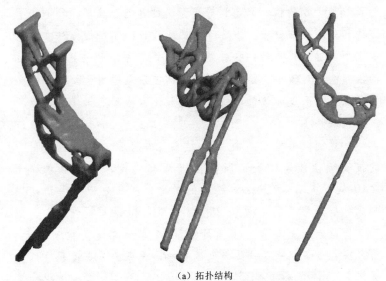

（a）拓扑结构

图 3.11（一） $n=2\times10^{6}$ 时的拓扑结构和损伤分布，

$V/V_0=0.072$，$(D_j)_{\max}=1.006$

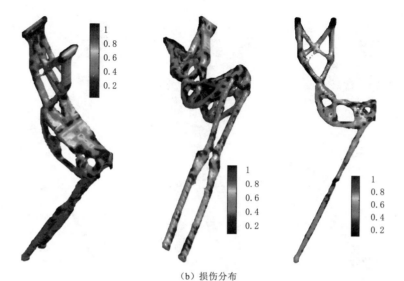

（b）损伤分布

图 3.11（二）　$n=2\times10^6$ 时的拓扑结构和损伤分布，

$V/V_0=0.072$，$(D_j)_{max}=1.006$

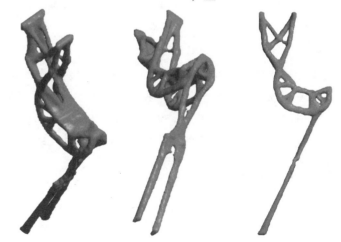

（a）拓扑结构

图 3.12（一）　$n=4\times10^6$ 时的拓扑结构和损伤分布，

$V/V_0=0.080$，$(D_j)_{max}=1.005$

（b）损伤分布

图 3.12（二） $n=4\times10^6$ 时的拓扑结构和损伤分布，
$V/V_0=0.080$，$(D_j)_{max}=1.005$

所提方法可以为不同载荷获得合理的拓扑结构，这证明了该方法在三维问题中的有效性。其中，最大损伤发生在结构的中间而不是施加力和固定的位置，也说明了该方法的有效性。此外，当负载循环 2×10^6 次时，得到的体积分数为 0.072，但当循环次数加倍时，需要更多材料来抵抗，对应得到的体积分数增加到 0.080。

3.5　本章小结

本研究提出了基于增广拉格朗日求解的抗疲劳轻量化设计的拓扑优化方法。使用雨流计数法和 Palmgren Miner 线性损伤累积准则有效地确定积累损伤，采用增广拉格朗日方法有效应对疲劳损伤的非线性和局部化特性。数值算例结果表明，所提方法在确定性设计、惩罚模型效果和一般载荷等方面具有优越性。优化结果清楚地说明了所提出的方法可以实现结构轻量化设计。

第 4 章

基于增广拉格朗日函数求解的
静刚度拓扑优化方法

4.1 引　言

在第 3 章中，采用增广拉格朗日函数法处理了大规模单元累积疲劳损伤约束的优化问题。在实际工程问题中，存在着如受分布载荷作用的结构，本章将沿用该求解算法，实现多点位移约束下的静刚度拓扑优化问题求解。

4.2 基于包络函数的静态最大位移约束拓扑优化列式与求解

对于受分布载荷作用的结构，由于无法预知承载区域最大变形位置。故而以承载区域所有节点的位移为约束，体积比最小化为目标建立拓扑优化列式为

$$
\begin{cases}
\text{find:} \boldsymbol{\rho} \\
\text{minimize:} V_f = \dfrac{\displaystyle\sum_{e=1}^{NE} v_e \overline{\rho}_e}{\displaystyle\sum_{e=1}^{NE} v_e} \\
\text{s. t. } g_j = d_j / \overline{d} - 1 \leqslant 0 (j=1,2,\cdots,N_j) \\
\boldsymbol{K}(\overline{\boldsymbol{\rho}}) \boldsymbol{u} = \boldsymbol{F} \\
0 \leqslant \rho_e \leqslant 1 (e=1,2,\cdots,NE)
\end{cases}
\tag{4.1}
$$

式中 g_j——第 j 个约束方程，总共包含 N_j 个约束方程；

$\qquad d_j$——第 j 个约束方程对应的节点自由度位移；

$\qquad \overline{d}$——位移上限值；

采用节点位移最大值约束式（4.1），约束方程为

$$\max(d_j/\overline{d}) - 1 \leqslant 0 \quad (j = 1, 2, \cdots, N_j) \qquad (4.2)$$

式（4.2）最大值函数可采用 p-norm 和 KS 包络函数作为其代理模型，数学表达式分别为

$$d^{\mathrm{PN}} = \left[\sum_j \left(\frac{d_j}{\overline{d}} \right)^{\nu} \right]^{\frac{1}{\nu}} \qquad (4.3)$$

$$d^{\mathrm{KS}} = \frac{1}{\mu} \log_e \left[\sum_j e^{\mu \frac{d_j}{\overline{d}}} \right] \qquad (4.4)$$

式中，ν 和 μ——p-norm 函数和 KS 函数的包络参数。

当 ν 和 μ 为有限值时，d^{PN} 或 d^{KS} 与 $\max(d_j/\overline{d})$ 存在差异性。以 d^{PN} 为例，采用自适应系数消除该差异，修正后约束方程为

$$\widetilde{d}^{\mathrm{PN}} = c^{\mathrm{PN}} d^{\mathrm{PN}} \leqslant 1 \qquad (4.5)$$

式（4.5）中常数 c^{PN} 计算公式为

$$c^{\mathrm{PN}} = \frac{\max(d_j)}{\overline{d} \cdot d^{\mathrm{PN}}} \qquad (4.6)$$

将 d_j 表达为 $d_j = \boldsymbol{\Gamma}_j^{\mathrm{T}} \boldsymbol{u}$，即 $\boldsymbol{\Gamma}_j^{\mathrm{T}}$ 为第 j 个分量为 1，其余 $N_j - 1$ 个分量为 0 的单位向量。

$\widetilde{d}^{\mathrm{PN}}$ 对 $\overline{\rho}_e$ 求导可得

$$\frac{\partial \widetilde{d}^{\mathrm{PN}}}{\partial \overline{\rho}_e} = c^{\mathrm{PN}} \sum_{j=1}^{N_j} \frac{\partial d^{\mathrm{PN}}}{\partial d_j} \frac{\partial d_j}{\partial \overline{\rho}_e} = c^{\mathrm{PN}} \sum_{j=1}^{N_j} \frac{\partial d^{\mathrm{PN}}}{\partial d_j} \boldsymbol{\Gamma}_j^{\mathrm{T}} \frac{\partial \boldsymbol{u}}{\partial \overline{\rho}_e} \qquad (4.7)$$

由 $\boldsymbol{Ku} = \boldsymbol{F}$ 可得

$$\frac{\partial \boldsymbol{u}}{\partial \overline{\rho}_e} = -\boldsymbol{K}^{-1} \frac{\partial \boldsymbol{K}}{\partial \overline{\rho}_e} \boldsymbol{u} \qquad (4.8)$$

定义伴随方程

$$\boldsymbol{K}\boldsymbol{\lambda}^{\mathrm{PN}} = -c^{\mathrm{PN}} \sum_j \frac{\partial d^{\mathrm{PN}}}{\partial d_j} \cdot \boldsymbol{\Gamma}_j \qquad (4.9)$$

将式（4.9）求解得到的 $\boldsymbol{\lambda}^{\mathrm{PN}}$ 代入到式（4.7）可得

$$\frac{\partial \widetilde{d}^{\mathrm{PN}}}{\partial \overline{\rho}_e} = (\boldsymbol{\lambda}^{\mathrm{PN}})^{\mathrm{T}} \frac{\partial \boldsymbol{K}}{\partial \overline{\rho}_e} \boldsymbol{u} \qquad (4.10)$$

根据链式求导法则可得

$$\frac{\partial \widetilde{d}^{\mathrm{PN}}}{\partial \rho_j} = \sum_{i \in \mathbb{N}_{e,j}} \frac{\partial \widetilde{d}^{\mathrm{PN}}}{\partial \overline{\rho}_i} \frac{\partial \overline{\rho}_i}{\partial \widetilde{\rho}_i} \frac{\partial \widetilde{\rho}_i}{\partial \rho_j} \qquad (4.11)$$

式中　$\mathbb{N}_{e,j}$——距离单元 i 中心范围不超过 R 距离的单元集合。

基于式（4.9）表达的敏度值，拓扑优化列式可采用基于梯度信息的 MMA 算法、序列二次规划法求解。

4.3　基于 AL 的静态多位移约束拓扑优化列式与求解

与基于包络型约束处理有所不同，优化求解每一轮可定义 AL 函数，将原优化列式转换为一系列的无约束优化问题求解来求得优化解，在优化求解的第 k 轮，定义如下优化问题，即

$$\min_{\rho_e \in [0,1]} : \mathfrak{R} = V_f(\overline{\rho}) + \frac{1}{N} P^{(k)}(\overline{\rho}) \qquad (4.12)$$

其中　　$P^{(k)}(\overline{\rho}) = \sum_{j=1}^{N_j} \lambda_j^{(k)} h_j(\overline{\rho}) + \frac{\kappa^{(k)}}{2} h_j(\overline{\rho})^2 \qquad (4.13)$

式中　k——上标，迭代次数；

　　　$P^{(k)}$——惩罚项。

式中，$h_j(\overline{\rho})$ 表达为

$$h_j(\overline{\rho}) = \max\left[g_j(\overline{\rho}), -\frac{\lambda_j^{(k)}}{\kappa^{(k)}}\right] \tag{4.14}$$

参数 $\lambda_j^{(k)}$ 和 $\kappa^{(k)}$ 更新方式为

$$\kappa^{(k+1)} = \min\left[\omega\kappa^{(k)}, \kappa_{\max}\right] \tag{4.15}$$

$$\lambda_j^{(k+1)} = \lambda_j^{(k)} + \kappa^{(k)} h_j(\overline{\rho}) \tag{4.16}$$

式中 $\overline{\omega}$ ——参数，取值大于 1 用于更新 κ；

$\kappa_{\max}$ —— κ 的上限值，用于防止数值奇异问题。

式（4.12）中惩罚项 $P^{(k)}$ 前的系数 N 通常与约束方程数目 N_j 相关，这里定义

$$N = \gamma N_j \tag{4.17}$$

式中 γ ——调整系数，通过数值实验结果来确定。

为得到敏度信息，式（4.12）两边对 $\overline{\rho}_e$ 求导可得

$$\frac{\partial P^{(k)}}{\partial \overline{\rho}_e} = \sum_{j=1}^{N_j}\left[\lambda_j^{(k)} + \kappa^{(k)} h_j\right]\frac{\partial h_j}{\partial \overline{\rho}_e} \tag{4.18}$$

式中，当 $g_j \leqslant -\lambda_j^{(k)}/\kappa^{(k)}$，$\dfrac{\partial h_j}{\partial \overline{\rho}_e} = 0$；其余情况满足

$$\frac{\partial P^{(k)}}{\partial \overline{\rho}_e} = \sum_{j=1}^{N_j}\left[\lambda_j^{(k)} + \kappa^{(k)} h_j\right]\frac{\partial g_j}{\partial \overline{\rho}_e} \tag{4.19}$$

平衡方程 $\boldsymbol{Ku} = \boldsymbol{F}$ 两边对 $\overline{\rho}_e$ 求导可得

$$\boldsymbol{K}\frac{\partial \boldsymbol{u}}{\partial \overline{\rho}_e} + \frac{\partial \boldsymbol{K}}{\partial \overline{\rho}_e}\boldsymbol{u} = 0 \tag{4.20}$$

式中假设外界载荷 F 与设计变量无关，即 $\dfrac{\partial \boldsymbol{F}}{\partial \rho_e} = 0$。

将式（4.20）代入式（4.19），引入伴随向量 $\boldsymbol{\xi}$，即

$$\begin{aligned}
\frac{\partial P^{(k)}}{\partial \overline{\rho}_e} &= \sum_{j=1}^{N_j} \left[\lambda_j^{(k)} + \kappa^{(k)} h_j\right] \frac{\partial g_j}{\partial \overline{\rho}_e} + \boldsymbol{\xi}^{\mathrm{T}}\left(\boldsymbol{K}\frac{\partial \boldsymbol{u}}{\partial \overline{\rho}_e} + \frac{\partial \boldsymbol{K}}{\partial \overline{\rho}_e}\boldsymbol{u}\right) \\
&= \sum_{j=1}^{N_j} \left[\lambda_j^{(k)} + \kappa^{(k)} h_j\right] \frac{1}{d}\frac{\partial d_j}{\partial \overline{\rho}_e} + \boldsymbol{\xi}^{\mathrm{T}}\left(\boldsymbol{K}\frac{\partial \boldsymbol{u}}{\partial \overline{\rho}_e} + \frac{\partial \boldsymbol{K}}{\partial \overline{\rho}_e}\boldsymbol{u}\right) \\
&= \sum_{j=1}^{N_j} (\lambda_j^{(k)} + \kappa^{(k)} h_j) \frac{1}{d}\boldsymbol{\Gamma}_j^{\mathrm{T}}\frac{\partial \boldsymbol{u}}{\partial \overline{\rho}_e} + \boldsymbol{\xi}^{\mathrm{T}}\left(\boldsymbol{K}\frac{\partial \boldsymbol{u}}{\partial \overline{\rho}_e} + \frac{\partial \boldsymbol{K}}{\partial \overline{\rho}_e}\boldsymbol{u}\right)
\end{aligned}$$
(4.21)

由式（4.21）定义伴随方程

$$\boldsymbol{K}\boldsymbol{\xi} = -\sum_{j=1}^{N_j} \frac{\left[\lambda_j^{(k)} + \kappa^{(k)} h_j\right]}{\overline{d}}\boldsymbol{\Gamma}_j^{\mathrm{T}}$$
(4.22)

由此可得

$$\frac{\partial P^{(k)}}{\partial \overline{\rho}_e} = \boldsymbol{\xi}^{\mathrm{T}}\frac{\partial \boldsymbol{K}}{\partial \overline{\rho}_e}\boldsymbol{u}$$
(4.23)

由式（4.12）可得

$$\frac{\partial \Re}{\partial \overline{\rho}_e} = \frac{\partial V_f}{\partial \overline{\rho}_e} + \frac{1}{N}\frac{\partial P^{(k)}}{\partial \overline{\rho}_e}$$
(4.24)

由链式求导法则可得

$$\frac{\partial \Re}{\partial \rho_j} = \sum_{i \in N_{e,j}} \frac{\partial \Re}{\partial \overline{\rho}_i}\frac{\partial \overline{\rho}_i}{\partial \widetilde{\rho}_i}\frac{\partial \widetilde{\rho}_i}{\partial \rho_j}$$
(4.25)

由上述过程可知，在求解 $\Re$ 敏度时仅需要求解平衡方程 $\boldsymbol{K}\boldsymbol{u} = \boldsymbol{F}$ 和伴随方程式（4.22）即可。

为了求解优化列式（4.12），采用 MMA 算法显式近似函数逼近原问题，其基本过程可参考 3.2 节，这里不再赘述。

4.4 数 值 算 例

本节采用数值算例验证提出方法的可行性，初始结构的物理密度值均为 1。式（2.2）参数选取 $\eta=0.5$，θ 初值为 1，每隔 50 步增大 1 倍直至最大值 16。算例中的几何与材料参数均为无量纲量。材料弹性模量和泊松比分别取值为 1 和 0.3，平面结构厚度为 1，二维和三维结构的单元尺寸为 1。运动极限取值 $m=0.1$；对所有数值算例，参数 $\lambda_j^{(1)}=0$，$\kappa_j^{(1)}=10$，$\overline{\omega}=1.1$，调整系数 $\gamma=100$。为定量评价拓扑优化结果的清晰程度，定义离散度函数为

$$M_{\mathrm{nd}}=\sum_{e=1}^{NE}\frac{4\overline{\rho}_e(1-\overline{\rho}_e)}{NE}\times 100\% \qquad (4.26)$$

【算例 1】

如图 4.1 所示平面结构示意，结构尺寸 400×155，顶部 5 层单元为非设计域，即物理密度恒定为 1。结构左端全约束，顶部每个节点受到 $-y$ 方向且大小为 25 的均布载荷。选取顶层 401 个节点并限制 $-y$ 方向的位移上限，取值范围 4～7，过滤半径 $R=4$。若针对每个节点位移建立位移约束，总共 401 个约束方程，需求解 401 个伴随方程获取敏度值。这里采用 $p-$ norm 包络约束处理方式和提出的 AL 方法分别进行优化求解。同一位移上限 $\overline{d}=4$ 下两种方法的优化结果（含变形效

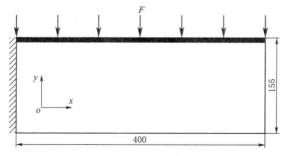

图 4.1　平面结构示意

果）如图 4.2 所示，不同位移上限 $\overline{d}=4$ 下不同方法的拓扑优
化结果（含变形效果）如图 4.2 所示。不同优化方法的优化结
果对比见表 4.1。

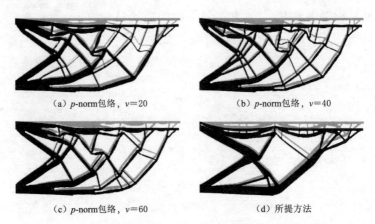

（a）p-norm包络，$\nu=20$ （b）p-norm包络，$\nu=40$

（c）p-norm包络，$\nu=60$ （d）所提方法

图 4.2　同一位移上限 $\overline{d}=4$ 下不同方法的拓扑优化结果
（含变形效果）

表 4.1　　　　　　不同优化方法的优化结果对比

所用方法	$\overline{d}$	V_f	d_{max}	c	$M_{nd}/\%$	位移增量/%
p - norm 包络，$\nu=20$	4	0.473	4.001	24486.03	5.27	—
	5	0.305	5.013	38417.18	5.09	
	6	0.237	6.006	50661.71	5.06	
	7	0.204	7.002	60053.82	5.69	
p - norm 包络，$\nu=40$	4	0.431	3.998	25810.50	4.55	—
	5	0.284	5.004	41567.15	5.42	
	6	0.257	6.005	51123.86	6.04	
	7	0.238	6.993	57202.79	6.68	

所用方法	$\overline{d}$	V_f	$d_{\max}$	c	$M_{nd}/\%$	位移增量/%
p–norm 包络，$\nu=60$	4	0.410	4.010	27580.72	6.23	—
	5	0.307	4.999	37649.49	4.67	
	6	0.267	6.027	48118.84	6.10	
	7	0.260	6.997	47104.01	8.78	
提出方法	4	0.345	4.013	34771.48	3.61	
	5	0.293	5.016	43695.37	2.68	
	6	0.227	6.011	53989.57	2.64	
	7	0.188	7.012	62554.73	3.19	
柔顺度最小化方法	—	0.345	6.538	26000.42	0.86	62.9
		0.293	7.825	30939.83	0.79	56.0
		0.227	10.282	40259.37	0.86	71.1
		0.188	13.182	51943.70	0.87	88.0

由图 4.2 和表 4.1 可知，各优化结构承载面的最大位移位于阈值附近，获取的优化结构体积比接近，说明不同方法均可获得满足工程设计要求的优化解；当采用包络型约束处理方式，同一位移上限值下体积分数和结构柔顺度随着包络参数不同而不同，包络处理下的优化结果具有参数依赖性。

由表 4.1 可知，AL 方法均能获取较小的体积分数和较大的柔顺度，所提方法的优化结构对应的离散度函数值较小，拓扑优化结果清晰。上述结果初步说明了提出方法的可行性。

由图 4.3 和表 4.1 可知，当许用位移限值增大，结构用来抵抗外力变形所需材料用量减少，优化结构体积比下降，这一系列的优化结果符合工程直觉；在所有设定情况下，承载面节点最大位移值处于设定阈值附近，优化结果说明提出方法具有稳健性。

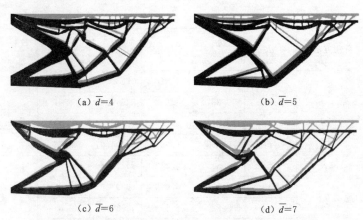

(a) $\overline{d}=4$

(b) $\overline{d}=5$

(c) $\overline{d}=6$

(d) $\overline{d}=7$

图 4.3 所提方法在不同位移上限下的拓扑优化结果

【算例 2】

为了说明方法的优越性，这里将所提方法优化得到的结构体积比作为约束条件，其他参数与【算例 1】相同，基于柔顺度最小化目标对图 4.1 的结构进行优化，得到如图 4.4 所示的拓扑优化结果（含变形效果），结果的数据见表 4.1。

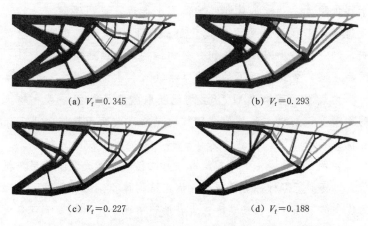

(a) $V_f=0.345$

(b) $V_f=0.293$

(c) $V_f=0.227$

(d) $V_f=0.188$

图 4.4 柔顺度最小化列式的拓扑优化结果（含变形效果）

由图 4.3 和图 4.4 结果对比可知，提出方法和柔顺度最小化结果差异体现在顶部变形方式；柔顺度最小化结构的最大变形发生在自由端，顶部变形朝一侧倾斜；所提方法下结构顶部变形呈波浪形，即尽可能保持承载点的变形量均匀性。由表 4.1 可知，柔顺度最小化拓扑结构的最大变形明显大于所提方法结果。由此可推断，柔顺度最小化列式能获取结构整体刚度最大化效果，但缺乏控制局部区域变形的能力，优化结果也说明了提出方法在分布载荷作用结构优化设计中的必要性。

【算例 3】

本算例用于验证所提方法在多工况问题中的可行性。如图 4.5 所示的平面结构与【算例 1】相同，左右下角点全约束，顶部受到两个独立作用的分散载荷，选取顶层 401 个节点并限制其 $-y$ 方向的位移在两种工况下的上限值为 5。拓扑结构如图 4.6 所示。以结构左下角为原点建立坐标系，载荷表达式为

$$F_1(x) = -360 \times \frac{x}{400}, F_2(x) = -240\left(1 - \frac{x}{400}\right) \qquad (4.27)$$

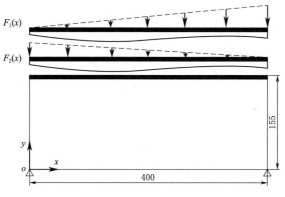

图 4.5 【算例 3】平面结构示意

(a) 拓扑结构, $V_f=0.257$, $M_{nd}=2.93\%$

(b) 工况1结构变形, $d_{max}=5.005$,
　　$c=274369.43$

(c) 工况2结构变形, $d_{max}=5.027$,
　　$c=165825.91$

图 4.6　多工况作用下的拓扑优化结果

由图 4.6 的结果可知,由于载荷幅值的不一致,导致优化拓扑结构左右不对称性。在两种工况下,节点最大位移均处于设定阈值临界状态,优化结果说明了所提方法在复合工况问题中的可行性。

【算例 4】

本算例用于验证提出方法在三维结构设计中的可行性。如图 4.7 所示,三维结构尺寸为 $100\times40\times40$,底部四角点全约束,顶部每个节点受到 $-y$ 向且大小为 0.002 的载荷作用。设置顶部 2 层单元为非设计区域,承载面节点 $-y$ 方向的变形限值为 6,即共包含 4141 个位移约束方程。过滤半径大小为 3。为了说明提出方法的优越性,这里与同体积比柔顺度最小化结果比较,优化结果的物理密度采用阈值 0.5 进行平滑输出,两种不同方法得到的优化结果如图 4.8 所示,提出方法的目标函

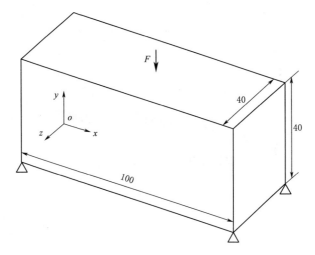

图 4.7　三维结构示意

(a) 提出方法，$V_f = 0.085$，$d_{max} = 6.011$　(b) 柔顺度最小化，$V_f = 0.085$，$d_{max} = 8.182$，
　　　$c = 12.33$，$M_{nd} = 1.36\%$　　　　　　　　$c = 12.22$，$M_{nd} = 1.04\%$

图 4.8　两种不同方法得到的优化结果

数与约束函数的拓扑优化迭代历程如图 4.9 所示，图 4.9 中插入了第 20、40、100、200 和 300 步的拓扑结果。

由图 4.8 可知，两种不同方法下的支撑结构明显不同，提出方法结果中增加了分支结构，用于保持顶面变形均匀一致，

65

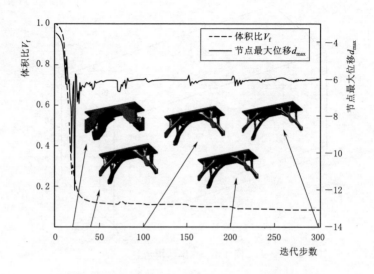

图 4.9 目标函数与约束函数的拓扑优化迭代历程

结果具有合理性；在相同的材料用量下，柔顺度最小化结构的最大变形为 8.182，数值上超出 36.1%，这一结果证明了提出方法在局部区域结构变形限制上的必要性。由图 4.9 可知，在优化迭代的初始阶段，节点最大位移数值上有一定程度的震荡，优化迭代第 40 步显示出较清晰的优化构型，优化目标函数体积比稳定下降，节点位移逐步逼近上限值，上述特点也证明了所提出的优化方法在三维结构中具有较好的稳健性和收敛性。

4.5 本章小结

本章节将增广拉格朗日方法引入到静力学中常见的多点位

移约束优化问题中，可以得到如下结论：

（1）提出了用于求解多节点位移约束拓扑优化的 AL 方法，相比较包络型约束函数处理方式，本书所提方法具有参数无关性、拓扑优化结果清晰、优化迭代稳健等优点。

（2）相比较体积比约束下的柔顺度最小化列式，提出的多节点位移约束 AL 方法能有效控制局部区域的变形。

第 5 章

基于增广拉格朗日函数求解的
瞬态动力学拓扑优化方法

5.1 引　言

在瞬态动力学问题中，通常关注时间域下的最大响应量，而在现有瞬态拓扑优化中，包括动态柔顺度、应变能和关注区域位移平方的时间域积分作为响应量，更多反映的是时间尺度下的均值。

5.2 基于 Newmark 积分格式的
瞬态动力学分析

在实际的工程问题中，连续体结构受到随时间变化的力 $Q(t)$ 的作用时，动力学平衡方程表示为

$$M\ddot{u}(t) + C\dot{u}(t) + Ku(t) = Q(t) \tag{5.1}$$

式中　M——整体质量矩阵；

$\quad\quad C$——整体阻尼矩阵；

$\quad\quad K$——整体刚度矩阵；

$\ddot{\boldsymbol{u}}(t)$——t 时刻的加速度；

$\dot{\boldsymbol{u}}(t)$——t 时刻的速度；

$\boldsymbol{u}(t)$——t 时刻的位移。

采用 Newmark 积分法来求解式（5.1），具体步骤如下：

（1）根据初始条件分别形成整体矩阵 $\boldsymbol{K}$，$\boldsymbol{M}$ 和 $\boldsymbol{C}$。

（2）给定初始时刻的位移、速度和加速度值 $\boldsymbol{u}(0)$、$\dot{\boldsymbol{u}}(0)$、$\ddot{\boldsymbol{u}}(0)$；选取时间步长 Δt 和参数 δ，计算参数 α 的值；定义常见的 Newmark 积分常数为

$$\begin{cases} \delta \geqslant 0.50, \alpha \geqslant 0.25(0.50+\delta)^2, \\ c_0 = \dfrac{1}{\alpha \Delta t^2}, c_1 = \dfrac{\delta}{\alpha \Delta t}, c_2 = \dfrac{1}{\alpha \Delta t}, c_3 = \dfrac{1}{2\alpha}-1, \\ c_4 = \dfrac{\delta}{\alpha}-1, c_5 = \dfrac{\Delta t}{2}\left(\dfrac{\delta}{\alpha}-2\right), c_6 = \Delta t(1-\delta), c_7 = \delta \Delta t \end{cases}$$

$$(5.2)$$

（3）形成有效刚度阵 $\hat{\boldsymbol{K}}$，即

$$\hat{\boldsymbol{K}} = \boldsymbol{K} + c_0 \boldsymbol{M} + c_1 \boldsymbol{C} \qquad (5.3)$$

（4）对于每一时间步长（$t=0$，Δt，$2\Delta t$）计算为

1）计算 $t+\Delta t$ 时刻的有效载荷

$$\hat{\boldsymbol{Q}}(t+\Delta t) = \boldsymbol{Q}(t+\Delta t) + \boldsymbol{M}(c_0 \boldsymbol{u}_t + c_2 \dot{\boldsymbol{u}}_t + c_3 \ddot{\boldsymbol{u}}_t)$$
$$+ \boldsymbol{C}(c_1 \boldsymbol{u}_t + c_4 \dot{\boldsymbol{u}}_t + c_5 \ddot{\boldsymbol{u}}_t) \qquad (5.4)$$

2）求解 $t+\Delta t$ 时刻的位移

$$\hat{\boldsymbol{K}} \boldsymbol{u}(t+\Delta t) = \hat{\boldsymbol{Q}}(t+\Delta t) \qquad (5.5)$$

3）计算 $t+\Delta t$ 时刻的速度和加速度

$$\ddot{\boldsymbol{u}}(t+\Delta t)=c_0\left[\boldsymbol{u}(t+\Delta t)-\boldsymbol{u}(t)\right]-c_2\dot{\boldsymbol{u}}(t)-c_3\ddot{\boldsymbol{u}}(t)$$

$$\dot{\boldsymbol{u}}(t+\Delta t)=\dot{\boldsymbol{u}}(t)+c_6\ddot{\boldsymbol{u}}(t)+c_7\ddot{\boldsymbol{u}}(t+\Delta t)$$

$$(5.6)$$

5.3 二阶 Krylov 子空间缩减瞬态动力学分析

系统瞬态动力学的平衡方程表达见式（5.1）。

为了描述能量损失，比例阻尼阵由整体质量和刚度矩阵的线性组合表示为

$$\boldsymbol{C}=c_M\boldsymbol{M}+c_K\boldsymbol{K} \tag{5.7}$$

式中　c_M——质量比阻尼系数；

　　　c_K——刚度比阻尼系数。

为了简化，外载荷矢量可解耦表示为

$$\boldsymbol{Q}(t)=\boldsymbol{F}\boldsymbol{g}(t) \tag{5.8}$$

式中　$\boldsymbol{F}$——空间分布矢量；

　　$\boldsymbol{g}(t)$——$\boldsymbol{g}(t)=[g(t_1),\ g(t_2),\ \cdots]$ 为时变分量，表示在时间场中的变化。

在现有的瞬态动力学直接积分型求解算法中，包括如 Wilson-θ、Newmark-β 和广义-α 积分方法都可用于求解式（5.1）。缩减算法的基本概念是寻找满足这种关系的合适低阶子空间，即

$$\boldsymbol{u}(t)=\boldsymbol{P}\boldsymbol{z}(t) \tag{5.9}$$

式中　$\boldsymbol{P}$——投影矩阵；

$z(t)$——广义位移。

将式（5.9）代入式（5.1），并给式（5.1）等式两边每项乘以矩阵 $\boldsymbol{P}^{\mathrm{T}}$，得到

$$\widetilde{\boldsymbol{M}}\ddot{\boldsymbol{z}}(t)+\widetilde{\boldsymbol{C}}\dot{\boldsymbol{z}}(t)+\widetilde{\boldsymbol{K}}\boldsymbol{z}(t)=\widetilde{\boldsymbol{F}}\boldsymbol{g}(t) \qquad (5.10)$$

其中
$$\widetilde{\boldsymbol{M}}=\boldsymbol{P}^{\mathrm{T}}\boldsymbol{M}\boldsymbol{P}$$

$$\widetilde{\boldsymbol{C}}=\boldsymbol{P}^{\mathrm{T}}\boldsymbol{C}\boldsymbol{P}$$

$$\widetilde{\boldsymbol{K}}=\boldsymbol{P}^{\mathrm{T}}\boldsymbol{K}\boldsymbol{P}$$

$$\widetilde{\boldsymbol{F}}=\boldsymbol{P}^{\mathrm{T}}\boldsymbol{F}$$

$\widetilde{\boldsymbol{M}}$，$\widetilde{\boldsymbol{C}}$ 和 $\widetilde{\boldsymbol{K}}$ 矩阵相较于原矩阵的第二维度减小。缩减后的式（5.10）可通过精确积分法高效求解。

在最近的研究中，可以通过改进的 Gram - Schmidt 正交化（modified Gram - Schmidt orthogonalization，MGSO）的二阶 Krylov 子空间方法来生成缩减矩阵 $\boldsymbol{P}$[70]。首先，给定构造矩阵 $\boldsymbol{P}$ 的向量个数 N。初始向量为

$$\overline{\boldsymbol{q}}_0=(-\omega_0^2\boldsymbol{M}+\boldsymbol{K})^{-1}\boldsymbol{F},\ \boldsymbol{q}_0=\overline{\boldsymbol{q}}_0/\|\overline{\boldsymbol{q}}_0\|_2 \qquad (5.11)$$

剩下 $N-1$ 个向量由式（5.12）和式（5.13）循环迭代生成，即

$$(-\omega_0^2\boldsymbol{M}+\boldsymbol{K})\overline{\boldsymbol{q}}_j=\begin{cases} 2\omega_0\boldsymbol{M}\boldsymbol{q}_0, & j=1 \\ \boldsymbol{M}(2\omega_0\boldsymbol{q}_{j-1}+\boldsymbol{q}_{j-2}), & j=2,3,\cdots,N \end{cases}$$

$$(5.12)$$

$$\overline{\boldsymbol{q}}_j=\overline{\boldsymbol{q}}_j-\sum_{i=0}^{j=1}(\overline{\boldsymbol{q}}_j,\boldsymbol{q}_i)\boldsymbol{q}_i,\ \boldsymbol{q}_j=\overline{\boldsymbol{q}}_j/\|\overline{\boldsymbol{q}}_j\|_2 \qquad (5.13)$$

其中 ω_0 和 N 的数值选取对结果的影响是至关重要的。

$(\overline{\boldsymbol{q}}_j, \boldsymbol{q}_i)$ 表示为两个向量的内积。式（5.12）等式左边保持不变，根据 j 的变化反复迭代。根据式（5.11）～式（5.13），投影矩阵 $\boldsymbol{P}$ 表示为

$$\boldsymbol{P} = [q_0, q_1, \cdots, q_N] \tag{5.14}$$

为了更清楚地描述 MGSO 方法，其算法流程如图 5.1 所示。

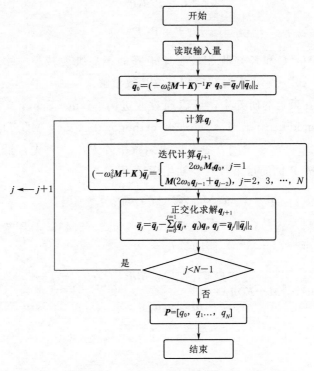

图 5.1 MGSO 缩减算法流程

5.4 结构响应量上界约束的瞬态
动力学拓扑优化列式

5.4.1 阈值投影法

为了消除棋盘格现象和网格依赖性问题，对单元密度的值进行修正，可得

$$\widetilde{\rho}_e = \frac{\sum\limits_{i \in N_e} H_{ei} \rho_i}{\sum\limits_{i \in N_e} H_{ei}} \tag{5.15}$$

式中 N_e——与第 i 个元素相邻的元素，这些元素的中心与第 i 个元素的中心距离 $\Delta(e, i)$ 不超过 $r_{\min}$；

H_{ei}——权重因子，其定义为

$$H_{ei} = \max[0, r_{\min} - \Delta(e, i)] \tag{5.16}$$

参照前人的研究，用 Heaviside 函数定义阈值投影法，其中一种表示方法为

$$\overline{\rho}_e = \frac{\tanh(\beta\eta) + \tanh[\beta(\widetilde{\rho}_e - \eta)]}{\tanh(\beta\eta) + \tanh[\beta(1 - \eta)]} \tag{5.17}$$

式中 β——用来控制优化结果的清晰度的参数，初始值设置为 1，然后每迭代 80 次后倍增 1 次，直到达到设定的上界值；

η——确定投影函数的转折点，取 $\eta = 0.5$。

5.4.2 AL 函数及灵敏度分析

将结构设计域划分为 NE 个有限单元。以体积最小化为目标，限制结构瞬态响应数值，瞬态动力学拓扑优化列式为

73

$$\begin{cases} \min V_f = \sum_{e=1}^{N_e} \dfrac{\overline{\rho}_e v_e}{v_e} \\ \text{s. t.} \quad g_s = u_{\text{target}}^2 (t_s) / \overline{d} - 1 \\ \qquad = [\boldsymbol{L}^\mathrm{T} \boldsymbol{u}(t_s)]^2 / \overline{d} - 1 \leqslant 0 \, (s=1,2,\cdots,N_s) \\ 0 \leqslant \rho_e \leqslant 1 \; (e=1,2,\cdots,NE) \end{cases}$$

$$(5.18)$$

式中 u_{target}^2 ——结构响应，目标自由度的位移；

$\overline{d}$ ——位移上限；

$\boldsymbol{Q}$ ——外载荷矢量；

g_s ——约束函数在 s 时刻结构响应 u_{target}^2 应低于规定值；

N_s ——时域中的求解总步数；

$\boldsymbol{L}$ ——向量相关分量自由度为一，其余分量为零。

为了求解式（5.18），通过建立增广拉格朗日函数，将原优化问题转化为一系列无约束子问题。

$$\min_{\rho_e \in [0,1]} : \Re = V_f + \frac{1}{N_R} \sum_{s=1}^{N_s} \left[\lambda(t_s) h(t_s) + \frac{\kappa}{2} h^2(t_s) \right] \quad (5.19)$$

在这里使用与 N_s 成正比的数字 N_R 将惩罚归一化。

$$h(t_s) = \max \left[g_s, -\frac{\lambda(t_s)}{\kappa} \right] \quad (5.20)$$

瞬态拓扑优化问题中的伴随灵敏度分析主要有两种方法，即先微分后离散法和先离散后微分法。在本节中，将在对 AL 函数进行求解时采用先微分后离散的方法。目标函数和约束函数的敏度表达式由链式法则和分部积分法给出，即

$$\frac{\partial V}{\partial \rho_e} = \sum_{i \in I_e} \frac{\partial V}{\partial \overline{\rho}_i} \frac{\partial \overline{\rho}_i}{\partial \widetilde{\rho}_i} \frac{\partial \widetilde{\rho}_i}{\partial \rho_e} \quad (5.21)$$

$$\frac{\partial \varphi}{\partial \rho_e} = \sum_{i \in I_e} \frac{\partial \varphi}{\partial \overline{\rho}_i} \frac{\partial \overline{\rho}_i}{\partial \widetilde{\rho}_i} \frac{\partial \widetilde{\rho}_i}{\partial \rho_e} \tag{5.22}$$

对等式（5.22）两端 $\overline{\rho}_e$ 求导可得

$$\frac{\partial \mathfrak{R}}{\partial \overline{\rho}_e} = \frac{\partial V_f}{\partial \overline{\rho}_e} + \frac{1}{N_R} \sum_{s=1}^{N_s} \left[\lambda(t_s) \frac{\partial h(t_s)}{\partial \overline{\rho}_e} + \kappa h(t_s) \frac{\partial h(t_s)}{\partial \overline{\rho}_e} \right] \tag{5.23}$$

当离散时间步数足够多时，计算精确度极高。因此，当 N_s 足够大时，可以将式（5.23）中的第二项近似转换为

$$\frac{1}{N_R} \sum_{s=1}^{N_s} \left[\lambda(t_s) \frac{\partial h(t_s)}{\partial \overline{\rho}_e} + \kappa h(t_s) \frac{\partial h(t_s)}{\partial \overline{\rho}_e} \right]$$

$$\approx \frac{1}{N_R} \frac{N_s}{t_f} \int_0^{t_f} \left[\lambda(t) \frac{\partial h(t)}{\partial \overline{\rho}_e} + \kappa h(t) \frac{\partial h(t)}{\partial \overline{\rho}_e} \right] \mathrm{d}t \tag{5.24}$$

其中

$$\frac{\partial h(t_s)}{\partial \overline{\rho}_e} = \begin{cases} \dfrac{\partial g(t_s)}{\partial \overline{\rho}_e}, & g(t_s) \geqslant -\dfrac{\lambda(t_s)}{\kappa} \\ 0, & \text{其他} \end{cases} \tag{5.25}$$

引入任意向量 $\mathbf{Z}$ 并运用二次分部积分法，式（5.24）变化为

$$\int_0^{t_f} \frac{N_s}{t_f} [\lambda(t) + \kappa h(t)] \frac{\partial g}{\partial \overline{\rho}_e} \mathrm{d}t + \int_0^{t_f} \mathbf{Z}^{\mathrm{T}} \frac{\partial (\mathbf{M}\ddot{\mathbf{u}} + \mathbf{C}\dot{\mathbf{u}} + \mathbf{K}\mathbf{u} - \mathbf{Q})}{\partial \overline{\rho}_e} \mathrm{d}t$$

$$= \int_0^{t_f} \frac{N_s}{t_f} [\lambda(t) + \kappa h(t)] \frac{2u_{\text{target}}\mathbf{L}}{\overline{d}} \frac{\partial \mathbf{u}}{\partial \overline{\rho}_e} \mathrm{d}t$$

$$+ \int_0^{t_f} \left(\mathbf{Z}^{\mathrm{T}} \frac{\partial \mathbf{M}}{\partial \overline{\rho}_e} \ddot{\mathbf{u}} + \mathbf{Z}^{\mathrm{T}} \frac{\partial \mathbf{C}}{\partial \overline{\rho}_e} \dot{\mathbf{u}} + \mathbf{Z}^{\mathrm{T}} \frac{\partial \mathbf{K}}{\partial \overline{\rho}_e} \mathbf{u} \right) \mathrm{d}t$$

$$+ \int_0^{t_f} \left(\frac{\partial \mathbf{u}}{\partial \overline{\rho}_e} \right)^{\mathrm{T}} (\mathbf{M}\ddot{\mathbf{Z}} - \mathbf{C}\dot{\mathbf{Z}} + \mathbf{K}\mathbf{Z}) \mathrm{d}t$$

$$+ \left[\left(\frac{\partial \mathbf{u}}{\partial \overline{\rho}_e} \right)^{\mathrm{T}} (-\mathbf{M}\dot{\mathbf{Z}} + \mathbf{C}\mathbf{Z}) + \left(\frac{\partial \dot{\mathbf{u}}}{\partial \overline{\rho}_e} \right)^{\mathrm{T}} (\mathbf{M}\mathbf{Z}) \right] \Big|_{t=t_f} \tag{5.26}$$

为了消除项 $\dfrac{\partial \boldsymbol{u}}{\partial \overline{\rho}_e}$，建立伴随方程为

$$
\begin{cases}
\boldsymbol{M}\ddot{\boldsymbol{Z}}-\boldsymbol{C}\dot{\boldsymbol{Z}}+\boldsymbol{K}\boldsymbol{Z}=-\dfrac{N_s}{t_f}[\lambda(t)+\kappa h(t)]\dfrac{2u_{\text{target}}\boldsymbol{L}}{\overline{d}}, t\in[0,t_f] \\
\boldsymbol{Z}(t_f)=0,\dot{\boldsymbol{Z}}(t_f)=0
\end{cases}
$$

$$(5.27)$$

在使用映射 $m=t_f-t$ 时，伴随方程（5.27）可表述为

$$
\begin{cases}
\boldsymbol{M}\ddot{\boldsymbol{\gamma}}+\boldsymbol{C}\dot{\boldsymbol{\gamma}}+\boldsymbol{K}\boldsymbol{\gamma}=\boldsymbol{\Lambda}(m), m\in[0,t_f] \\
\boldsymbol{\gamma}(m)=0,\dot{\boldsymbol{\gamma}}(m)=0
\end{cases}
$$

$$(5.28)$$

其中

$$
\boldsymbol{\Lambda}(m)=-\dfrac{N_s}{t_f}[\lambda(t)+\kappa h(t)]\dfrac{2u_{\text{target}}\boldsymbol{L}}{\overline{d}}\bigg|_{t=t_f-m}
$$

$$(5.29)$$

式（5.29）的分离形式类似于式（5.1）。当式（5.29）中的 $\boldsymbol{L}$ 和式（5.8）中的 $\boldsymbol{F}$ 相同时，可以重用缩减算法中的相同矩阵 $\boldsymbol{P}$ 来求解。

将式（5.29）重新代入式（5.23）可得

$$
\frac{\partial \mathfrak{R}}{\partial \overline{\rho}_e}=\frac{\partial V_f}{\partial \overline{\rho}_e}+\frac{1}{N_{\text{R}}}\int_0^{t_f}\bigg[\boldsymbol{Z}^{\text{T}}\frac{\partial \boldsymbol{M}}{\partial \overline{\rho}_e}\ddot{\boldsymbol{u}}
$$

$$
+\boldsymbol{Z}^{\text{T}}\bigg(c_{\text{M}}\frac{\partial \boldsymbol{M}}{\partial \overline{\rho}_e}+c_{\text{K}}\frac{\partial \boldsymbol{K}}{\partial \overline{\rho}_e}\bigg)\dot{\boldsymbol{u}}+\boldsymbol{Z}^{\text{T}}\frac{\partial \boldsymbol{K}}{\partial \overline{\rho}_e}\boldsymbol{u}\bigg]\mathrm{d}t \quad (5.30)
$$

根据链式求导法则，任意函数对 ρ_i 的敏度表达式同样为采用链式求导法则计算求解，这里将不再赘述。

5.5 数值算例

本节以 7 个数值算例说明所提方法的优越性。算例中，实

体材料的物理密度、弹性模量和泊松比分别为 $7800kg/m^3$、$210\,GPa$ 和 0.3。移动限制 l 设置为 0.05，其余 MMA 参数保持默认值。二维和三维结构被离散为正方形单元和正方体单元，且单元尺寸边长为 $50mm$。采用 1000 步离散化时域。阻尼系数设为 $c_M = c_K = 1 \times 10^{-3}$。式（5.19）中的惩罚参数 N_R 由数值经验确定，这里取值 $N_R = 0.01N_s$。参数 ϖ 初始值设定为 1，每 50 步迭代增加为原来的一倍，直到上限值 32。投影参数 η 数值固定为 0.5。当连续迭代中设计变量的变化小于 0.1% 或迭代循环达到最大值 400 时，优化循环终止。初始结构全部填充为实体材料。约束载荷集中处的最大位移平方值。所有数值实验均在 $MATLAB$ 软件和 PC 上运行，PC 配置为 $32GB\ RAM$ 和 $Intel\ 4.2\ GHz$ 处理器。

【算例 1】

本算例用于研究 $MGSO$ 缩减算法的精度和效率，以及两个关键参数对最终结果的影响。选取关键参数 $\omega_0 = 50\pi\ rad/s$，共 3 个基向量参与 $MGSO$ 缩减算法计算。平面设计域、边界条件和加载条件如图 5.2 所示。结构整体尺寸为 $2.4m \times 4.0m$。左下角点全固定，右下角点垂直支撑。半正弦波力为

$$F = \begin{cases} 600sin(5\pi t)kN, & 0 \leqslant t \leqslant 0.02s \\ 0, & 0.02s < t \leqslant 0.05s \end{cases}$$

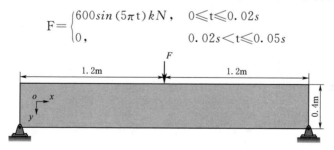

图 5.2　平面设计域、边界和加载条件

半正弦波力垂直向下作用在顶端中心处。图 5.3 为通过标准 *Newmark* 积分和 *MGSO* 缩减方法计算得到的结构时变响应结果。

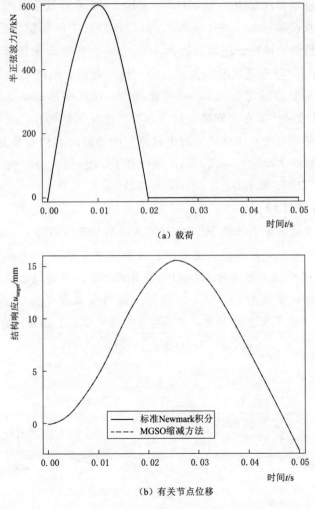

（a）载荷

（b）有关节点位移

图 5.3　随时间变化的量

两种方法得到的相关节点位移如图 5.3（b）所示。从视觉上看，两条曲线几乎重合。这意味着 MGSO 缩减算法可以获得高精度结果。此外，比较图 5.3（a）和图 5.3（b）中的数据峰值在时间轴上的位置，最大响应出现时间滞后于施力峰值对应的时间。因此在实际问题中，需要适当延长积分时间来捕捉响应峰值。

为了使 MGSO 算法的结果直观可视化，定义相对误差以定量评估 MGSO 算法的精度：

$$\mathfrak{I} = \frac{\| \boldsymbol{u}_{\text{Full}} - \boldsymbol{u}_{\text{MGSO}} \|_2}{\| \boldsymbol{u}_{\text{MGSO}} \|_2} \times 100\% \quad (5.31)$$

式中　$\boldsymbol{u}_{\text{Full}}$——在 Newmark 积分下计算得到的响应值；

　　　$\boldsymbol{u}_{\text{MGSO}}$——在 MGSO 缩减算法下计算得到的响应值。

MGSO 精度受 ω_0 和 N 影响。表 5.1 总结了 ω_0 和 N 不同组合下的相对误差，图 5.4 绘制了不同 ω_0 和 N 组合下的 CPU 的运行时间。

表 5.1　　　　　　不同 ω_0 和 N 组合下的相对误差

$\omega_0/(\text{rad/s})$	50π	150π	250π	350π
$N=5$	1.220×10^{-2}	66.078	97.401	96.966
$N=10$	3.564×10^{-6}	4.576×10^{-6}	47.580	77.103
$N=15$	2.468×10^{-6}	2.474×10^{-6}	2.475×10^{-6}	3.990

与标准 Newmark 积分相比，使用缩减算法所消耗的 CPU 时间大大减少。如图 5.4 所示，随着 N 的增加，其计算时间也随着增加。由于，式（5.12）中的矩阵 $-\omega_0^2 \boldsymbol{M} + \boldsymbol{K}$ 已经被预分解并且在后续的迭代过程中重复使用，因此由于添加了基向量而增加的时间并不明显。由表 5.1 可知，参数 ω_0 对相对误差数值有明显的影响，但是随着 N 的改变，仍存在精确的

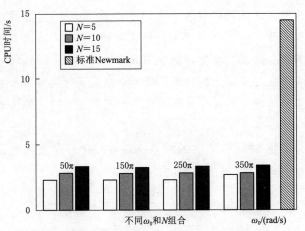

图 5.4　不同 ω_0 和 N 组合下的 CPU 的运行时间

解。针对上述特点，接下来的拓扑优化问题将采用 MGSO 算法进行研究。

【算例 2】

本算例基于提出的 MGSO 缩减算法，选用 NREL 5MW 海上风电机组模型作为研究对象，对其导管架结构进行动态响应分析，并与 Newmark 全分析方法进行计算时间及计算精度的对比。

NREL 5MW 海上风电机组模型如图 5.5 所示，轮毂高度 105.272m，风轮直径 118m，叶片长度 57m，切入和切出风速分别为 3.5m/s 和 25m/s，泥土线－50.001m。如图 5.6 所示，海上风电机组支撑结构除了承受上部机组传来的风载荷、风轮转动惯性载荷、风电机组伺服控制作用之外，还直接承受了波浪、海流、海冰、地震、海床运移、海洋环境腐蚀等作用。

如图 5.7 所示，导管架结构用于支撑该机组，由桩腿、水平横杆、纵梁和 X 形交叉杆组成。

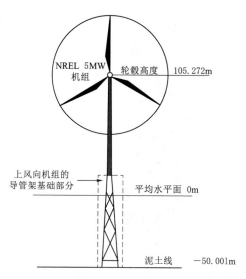

图 5.5　NREL 5MW 海上风电机组模型

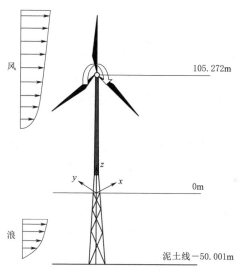

图 5.6　NREL 5MW 海上风电机组受力

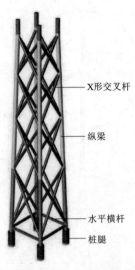

X形交叉杆

纵梁

水平横杆

桩腿

图 5.7 NREL 5 MW 海上风电机组导管架支撑结构

采用 ANSYS™ 对风电机组的塔筒和基础进行建模，在塔筒顶部取一个质量点，用来模拟机舱的质量。迭代步数取 2×10^6。取弹性模量 2.1×10^5 MPa，密度为 7.8×10^{-9} t/mm³，泊松比为 0.3。载荷设定为四个一般正弦载荷 $\sin(2\pi t)$、$\sin(4\pi t)$、$\sin(10\pi t)$ 和 $\sin(20\pi t)$ 的叠加，图 5.8 为载荷叠加结果。采用位移幅值的 2-范数作为计算结果并考察各种缩减算法的误差。

分别取不同的基向量数目，用来考察不同算法下模型分析所需的时间与基向量数目的关系，不同算法下模型分析所需时间对比见表 5.2。并且记录不同基向量数目下 MGSO 缩减算法与 Newmark 全分析方法计算结果的误差见表 5.3。

由表 5.2 可知，MGSO 缩减算法显示出了优良的性能。当基向量数目 $N = 10$ 时，MGSO 方法的计算时间约为 Newmark 方法的 17.86%。虽然当 N 增加到 70 时，MGSO 方法的计算时间比例上升到 27.92％，但由表 5.3 可知，随着基向量数目的增多，误差在不断减小，精度提高。

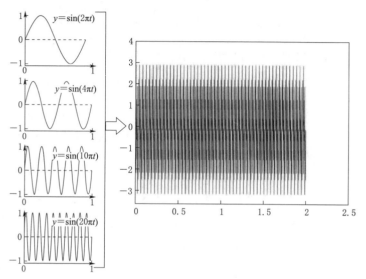

图 5.8　载荷叠加效果

表 5.2　　　　不同算法下模型分析所需时间对比

基向量数目 N	Newmark/s	MGSO/s
10	105.584	18.856
20	103.775	18.689
30	104.224	22.833
50	103.154	25.805
70	102.923	28.739

表 5.3　MGSO 缩减算法与全分析方法的误差（×100％）

N	10	20	30	50	70
MGSO	0.34	0.17	0.11	0.13	0.038

图 5.9 为不同基向量个数下的瞬态位移结果，由图可知，全分析方法和缩减方法的结果非常相似，二者的差距极小，采

用缩减算法的误差极小。

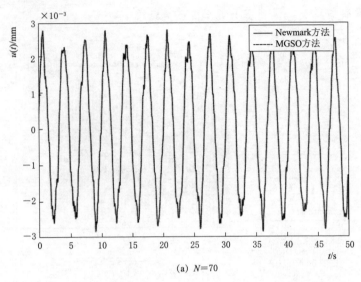

(a) $N=70$

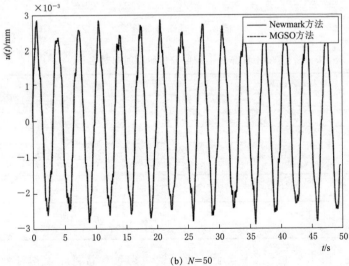

(b) $N=50$

图 5.9（一）　不同基向量个数下的瞬态位移结果

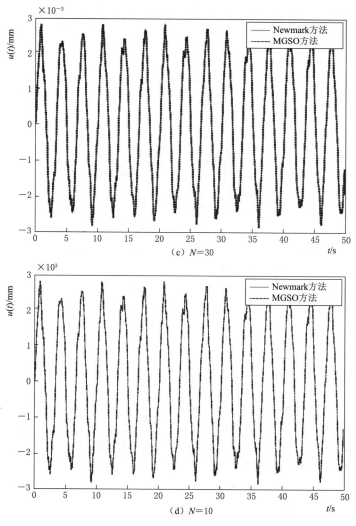

图 5.9（二）　不同基向量个数下的瞬态位移结果

在本算例中，采用 MGSO 缩减算法与 Newmark 全分析方法对导管架结构的动态响应进行分析对比，结果表明，MG-

SO 缩减算法的计算速度快，且当基向量数目 N 个数达到一定时，计算精度高。

【算例 3】

在本算例中，MGSO 缩减算法参数设为 $\omega_0 = 50\pi\text{rad/s}$ 和 $N = 16$。设定目标自由度的平方位移上界为 400mm^2。其他参数与算例 1 中保持一致。不考虑几何对称的拓扑优化结构如图 5.10 所示。

图 5.10　不考虑几何对称的拓扑优化结构，
$V_\text{f} = 0.379$，$\max(\boldsymbol{u}2\ \text{target}) = 398.690\text{mm}^2$

由图 5.10 可以观察到一个有意思的现象，与静态结构相比，最终的设计呈现出明显的不对称性。为了验证结果的有效性，图 5.11 展示考虑几何对称的拓扑优化结构。计算所得的体积分数为 0.402，略高于给定的体积分数 0.4。两种情况下的最大响应都略小于阈值 400mm^2。由此可以推断，瞬态动力学优化设计无须使用强迫性对称条件。

图 5.11　考虑几何对称的拓扑优化结构，
$V_\text{f} = 0.402$，$\max(\boldsymbol{u}2\ \text{target}) = 399.552\text{mm}^2$

为了进行对比，这里将 600kN 的静态力施加在设计域上。静态结果 $\max(\boldsymbol{u}2\ \text{target})$ 分别增加到了 204672.5mm^2 和 1997.6mm^2。如果采用动态优化，其设计结构的静态刚度可能会遭到破坏。

　　结构时变响应变化如图 5.12 所示。在强迫振动和残余振动两个阶段均出现了一个接近于最大值的峰值，与图 5.3（b）

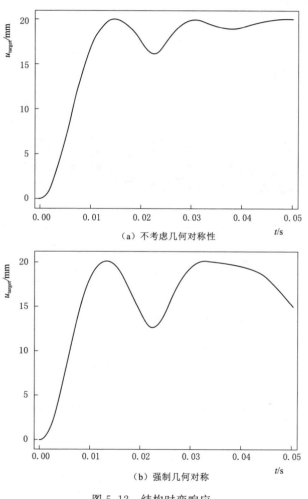

（a）不考虑几何对称性

（b）强制几何对称

图 5.12　结构时变响应

所示的曲线形状不同。

综上所述,采用提出的拓扑优化方法可以自动分配材料来承受冲击载荷,同时保持结构响应峰值低于规定的阈值。

【算例 4】

本例用来证明所提出的方法在各种上限阈值下的可行性。载荷作用时间 τ 和总积分时间 t_f 分别延迟到 0.1s 和 0.2s。结构赋予强制几何对称。结构响应的上界范围从 $900\mathrm{mm}^2$ 到 $3600\mathrm{mm}^2$。为评估其静力学性能,对设计域同样施加相同最大振幅数值的静力,其响应用 $u2s$ 表示。图 5.13 描述了改变

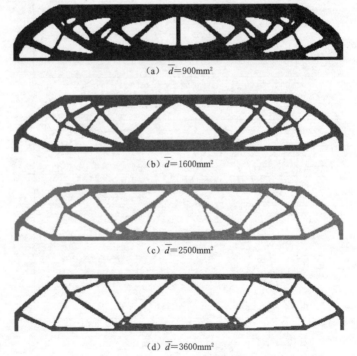

(a) $\overline{d}=900\mathrm{mm}^2$

(b) $\overline{d}=1600\mathrm{mm}^2$

(c) $\overline{d}=2500\mathrm{mm}^2$

(d) $\overline{d}=3600\mathrm{mm}^2$

图 5.13 改变约束上界数值后的拓扑优化结果

约束上界数值后的拓扑优化结果，表5.4总结了变化约束限制阈值得到优化结果。

表5.4　　　　　变化约束限制阈值得到的优化结果

$\overline{d}$/mm^2	V_f	max（$\boldsymbol{u}2$ target）/mm^2	$\boldsymbol{u}2$s/ mm^2
900	0.642	897.6	517.6
1600	0.419	1594.1	1142.1
2500	0.321	2491.2	1811.4
3600	0.249	3585.2	3264.4

由表5.4可知，所有的 max（$\boldsymbol{u}2$ target）均略小于上限值。同时，静力变形始终低于瞬态分析变形数值，表明在长周期载荷作用下，动刚度更为严格。如图5.11所示，其支撑结构分支明显不同。除此之外，当采取更加严格的挠度控制时，改变约束上界数值后的拓扑优化结果如图5.13所示。这些结果与工程经验是一致的，因此是合理的。

为了说明所提方法的特点，图5.14展示了体积分数和最大动态响应的演化历史。

图5.14显示，体积分数曲线稳定下降，说明在优化过程中，材料是被逐渐去除的。相反，约束函数的迭代曲线在早期阶段经历了急剧的增加，甚至超过了阈值。随后，这些曲线迅速回到规定界限的水平，并接近平台，直到收敛发生。

根据上述观察和讨论，可以得出结论，对于受时变载荷的系统，所提出的算法能够限制各时刻的节点变形。

【算例5】

本算例中，对左右两端固定的长梁结构进行了优化，以证明提出方法在任意载荷作用下的可行性。几何和材料等力学参数与【算例4】相同。图5.15右上角图形为时变载荷，由

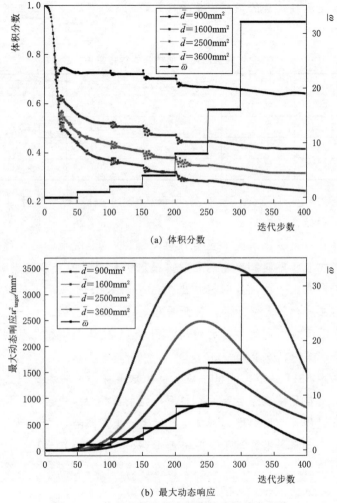

(a) 体积分数

(b) 最大动态响应

图 5.14　体积分数和最大动态响应的演化历史

$1000\sin$（$2\pi t$）kN 的低频波、$300\sin$（$20\pi t$）kN 的高频波和一个从 0kN 至 1000kN 的随机噪声组成。通过快速傅里叶变换，可以获得如图 5.15 所示的叠加载荷频谱，作为将载荷从时域转换到频域的参考。该叠加载荷作用在结构底部的中心位置。从开始至第 πs 研究其动态性能。相应的约束上界设为 1600mm^2。在本例中，利用 MGSO 缩减算法生成了两组正交向量，并在两个激发频率 πrad/s 和 10πrad/s 下展开。每组包含五个基向量。为了用于比较，本问题同时用 Newmark 积分进行参考计算。通过标准 Newmark 积分和 MGSO 缩减算法得到的拓扑优化结果如图 5.16 所示。

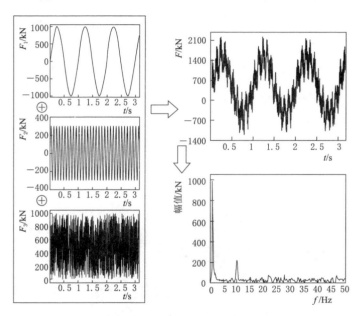

图 5.15 外力所包含的所有分解量的合成及其快速傅里叶变换

由图 5.16 可知，由 MGSO 缩减算法得到的优化结构与标准 Newmark 积分算法得到的结构相似，且有几乎相同的体积分数和动态响应数值。但是，MGSO 算法减少的计算时间为 1.368h，与利用 Newmark 积分所进行的全分析的 5.381h 相

(a) 标准 Newmark 积分算法，$V_f = 0.457$，$\max(u2\ \text{target}) = 1595.385\text{mm}^2$

(b) MGSO 缩减算法，$V_f = 0.458$，$\max(u2\ \text{target}) = 1592.006\text{mm}^2$

图 5.16　拓扑优化结果

比，显著减少。结果表明，该方法能够有效地求解受任意载荷作用的连续体瞬态拓扑优化问题。

【算例 6】

本算例用于探讨所提方法在结构承受方向变化的载荷时的可行性。如图 5.17 所示，该算例设计区域为长度 8m 的方形

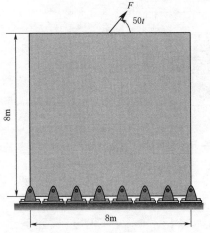

图 5.17　设计域、边界和加载条件

域，其底部固定，采用几何的双边对称，顶部中点处加载角频率为 50rad/s、振幅为 2000kN 的旋转载荷。为了便于使用 MGSO 算法，这里将外力分别分解到 x 和 y 方向，即

$$Q(t) = F_x \cdot g_x(t) + F_y \cdot g_y(t)$$

这里 F_x 和 F_y 是类似于式（5.8）中的空间分布向量 F。利用线性叠加原理，可以计算出原节点和伴随节点的位移矢量。在本例中，每个方向生成了 8 个基向量。选取受力点的合力位移作为目标响应，其许用值设为 400mm^2。最终拓扑结果如图 5.18 所示。图 5.19 显示了节点在 x 和 y 方向上挠度随时间变化的过程。

图 5.18　最终拓扑结果，$V_f = 0.358$，
max（$u2$ target）$= 400.173 \text{ mm}^2$

由图 5.18 可知，优化后的拓扑结构由 4 个对角支撑结构组成，共同抵抗所有可能方向的载荷。得到的拓扑结构与参考中[60] 的拓扑结构相当。如图 5.19 所示，节点位移为简单的

93

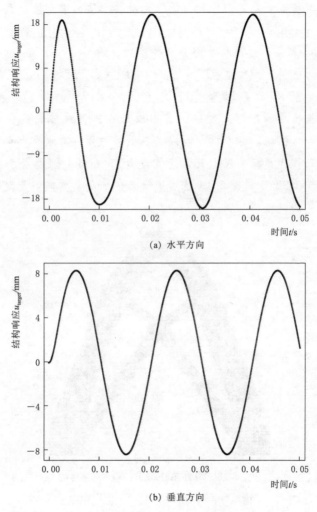

(a) 水平方向

(b) 垂直方向

图 5.19　载荷作用下节点时变挠度

谐波形式。与初始结构相比，在保持所需刚度的同时，去除了
一定数量的材料。仿真结果验证了该方法在时变载荷作用时拓

扑设计的有效性。

【算例 7】

本算例通过优化求解大规模三维结构以验证提出方法的可行性。如图 5.20 所示，设计域尺寸长 $L = 5.0$m，宽 $B = 0.8$m，厚 $T = 0.5$m。结构采用八节点实体单元离散。四个底部脚点全约束，一个矩形力

$$F = \begin{cases} 1 \times 10^4 \text{kN}, & 0 \leqslant t \leqslant 0.4\text{s} \\ 0, & 0.4\text{s} < t \leqslant 1\text{s} \end{cases}$$

矩形力被垂直施加在该结构顶部中心点处。施力点 y 向位移响应阈值设为 $\overline{d} = 900\text{mm}^2$。施加两个平面的几何对称，承受给定载荷后优化的拓扑优化结果如图 5.21 所示。

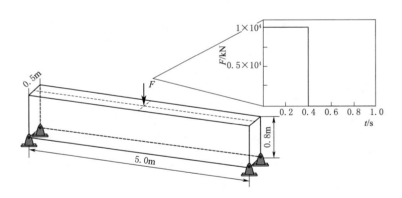

图 5.20　三维结构的设计领域

该大规模优化问题在 3.045 小时内求解完毕，这主要归功于提出的 MGSO 缩减方法。与二维问题相比，三维结构设计空间更大，中间形成镂空格局。这一数值结果清楚地揭示了所提方法在处理三维结构时的有效性。

图 5.21 承受给定载荷后优化的拓扑优化结构，
$V_f = 0.122$，$\max(\boldsymbol{u}2\text{ target}) = 895.538\text{mm}^2$

5.6 本 章 小 结

本章利用 AL 函数形式列出一组无约束规划子问题，提出了一种通过限制相关自由度在时域上的位移来实现轻量化设计的拓扑优化方法。同时采用三场 SIMP 方法来克服数值不稳定性和灰度现象。通过引入伴随方程，采用先微分后离散的方法，推导了函数对设计变量的灵敏度。利用无约束 MMA 算法求解无约束规划问题。并将具有 MGSO 缩减的二阶 Krylov 子空间方法推广到瞬态响应计算中。通过七个算例验证了该方法的可行性和优越性。在保证计算精度的基础上，该方法不仅可以减少计算时间，而且可以自动分配材料分布来承受冲击载荷。数值结果清楚地表明，所提出的方法能够高效且合理地求解瞬态动力学拓扑优化问题。优化结果也证实了瞬态优化方法的必要性和复杂性。

第6章

海上风电机组导管架支撑结构
拓扑优化设计

6.1 引　　言

第2～5章提出拓扑优化理论相关算法，本章将拓扑优化理论应用于工程结构。以海上风电机组基础导管架结构为研究对象，对导管架结构进行拓扑优化，丰富结构优化理论，实现海上风电机组导管架支撑结构的轻量化设计，提高风电机组的经济性。

6.2 海上风电机组模态分析

NREL5MW海上风电机组为水平轴、上风向、三叶片、变桨变速型风电机组，风轮直径为118m，叶片长度为57m，轮毂中心距离海平面为105.272m，机舱大小为15m×5m×5m，机舱质量为250t。塔筒材料是钢，塔架总高度为83.122m，塔架直径为3.6～6m，壁厚为20～80mm。导管架式5MW风电机组模型结构参数见表6.1。

导管架结构分析模型共有64个节点，将海平面的高度定

为零，模型的高度在 [−50.001，103.272] m 之间，地基采
用刚性连接。表 6.2 展示了多导管架各节点参数及塔筒节点参
数（14 个塔筒节点）。

表 6.1   导管架式 5MW 风电机组模型结构参数表

参　数	数　值
叶轮直径/m	118
轮毂中心高度/m	105.272
塔底直径/m	6
塔顶直径/m	3.6
水深/m	50.001

表 6.2   节　点　参　数

节　点	x 坐标/m	y 坐标/m	z 坐标/m
1	6	6	−50.001
2	6	−6	−50.001
3	−6	−6	−50.001
4	−6	6	−50.001
5	6	6	−49.5
6	6	−6	−49.5
7	−6	−6	−49.5
8	−6	6	−49.5
9	4.592	0	−1.958
10	−4.592	0	−1.958
11	0	4.592	−1.958
12	0	−4.592	−1.958
13	4.385	4.385	4.378
14	4.385	−4.385	4.378
15	−4.385	−4.385	4.378
16	−4.385	4.385	4.378

续表

节　点	x 坐标/m	y 坐标/m	z 坐标/m
17	0	0	20.15
18	0	0	25.272
19	0	0	27.272
20	0	0	29.272
21	0	0	31.272
22	0	0	33.272
23	0	0	35.272
24	0	0	40.272
25	6	6	−45.5
26	6	−6	−45.5
27	−6	−6	−45.5
28	−6	6	−45.5
29	0	0	50.272
30	0	0	60.272
31	0	0	70.272
32	0	0	80.272
33	0	0	90.272
34	0	0	103.272
35	6	6	−45
36	6	−6	−45
37	−6	−6	−45
38	−6	6	−45
39	5.967	5.967	−44.001
40	5.967	−5.967	−44.001
41	−5.967	−5.967	−44.001
42	−5.967	5.967	−44.001
43	5.939	5.939	−43.127
44	5.939	−5.939	−43.127

续表

节 点	x 坐标/m	y 坐标/m	z 坐标/m
45	−5.939	−5.939	−43.127
46	−5.939	5.939	−43.127
47	5.62	0	−33.373
48	−5.62	0	−33.373
49	0	5.62	−33.373
50	0	−5.62	−33.373
51	5.333	5.333	−24.614
52	5.333	−5.333	−24.614
53	−5.333	−5.333	−24.614
54	−5.333	5.333	−24.614
55	5.064	0	−16.371
56	−5.064	0	−16.371
57	0	5.064	−16.371
58	0	−5.064	−16.371
59	4.82	4.82	−8.922
60	4.82	−4.82	−8.922
61	−4.82	−4.82	−8.922
62	−4.82	4.82	−8.922
63	4.193	0	10.262
64	−4.193	0	10.262
65	0	4.193	10.262
66	0	−4.193	10.262
67	4.016	4.016	15.651
68	−4.016	4.016	15.651
69	−4.016	−4.016	15.651
70	4.016	−4.016	15.651
71	4	4	16.15
72	−4	4	16.15

节 点	x 坐标/m	y 坐标/m	z 坐标/m
73	−4	−4	16.15
74	4	−4	16.15
75	4	4	20.15
76	−4	4	20.15
77	4	−4	20.15
78	−4	−4	20.15

导管架材料为钢，密度为 7850kg/m^3 ，弹性模量为 210GPa ，切变模量为 81GPa ，不同节点之间的薄壁圆筒的直径、壁厚及质量见附录 A。参考导管架结构示意图如图 6.1 所示。

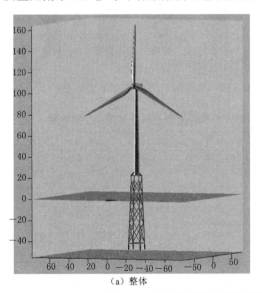 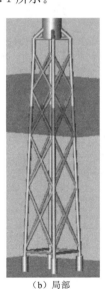

（a）整体　　　　　　　　　　　　（b）局部

图 6.1　参考导管架结构示意图

结构固有特性包括塔架、地基、风轮和局部结构。将塔架与导管架视为刚性结构，使用 GH Bladed™ 计算得到塔架与多导管架的前 6 阶振型模态（图 6.2）与频率，导管架基础参考风电机组整机前 6 阶模态分析结果见表 6.3。其中 1 阶、2 阶振型为沿 y、x 方向的摇摆，3 阶振型为沿绕塔架垂直轴的扭转，4 阶、5 阶振型是以塔顶为支点、沿 x、y 方向的摇摆，6 阶振型为局部扭转。

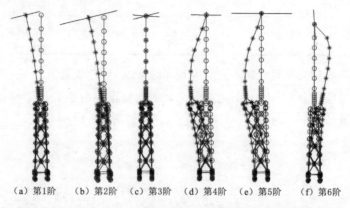

(a) 第1阶　(b) 第2阶　(c) 第3阶　(d) 第4阶　(e) 第5阶　(f) 第6阶

图 6.2　导管架基础参考风电机组前 6 阶振型模态图

表 6.3　导管架基础参考风电机组整机前 6 阶模态分析结果

阶　次	结构频率/Hz	振型描述
1	0.290	整体一阶弯曲
2	0.291	整体一阶弯曲
3	1.337	整体一阶扭转
4	1.479	整体二阶弯曲
5	1.479	整体二阶弯曲
6	1.578	局部二阶扭转

该机组风轮转速范围 7.5～14r/min，对应的风轮和叶片旋转频率为 0.125～0.233Hz、0.375～0.700Hz。考虑到 10% 的设计裕度，整机一阶频率合理范围应为 0.256～0.341Hz。由表 6.3 可知，该导管架结构初步满足动态设计要求。

6.3 海上风电机组极限环境条件工况与载荷计算

6.3.1 海上风电机组设计工况

国际电工协会制定的海上风电机组设计要求 IEC 61400 - 3 *Wind turbine part 3：Design requirements for offshore wind turbines*，根据风电机组的运行状态，海上风电机组整体系统的设计分为 8 种工况。

（1）正常发电 DLC1。在此设计工况下风电机组处于正常的发电运行状态并接入电网。

（2）发电和故障 DLC2。此设计工况为风力发电机组在发电过程中由于机组故障而出发的瞬变状态。机组故障包括控制系统、保护系统或电气系统故障，这些故障对机组载荷会产生明显的影响。

（3）机组启动 DLC3。此设计工况为机组由停机或空转状态切换到发电状态的正常过渡过程。

（4）风电机组正常关机 DLC4。此设计工况为风电机组从发电工况切换到停机或空转状态的正常过渡过程。

（5）风电机组紧急关机 DLC5。此设计工况为风电机组遇到突发事件从发电工况紧急切换到停机或空转状态的过渡过程。

（6）停机 DLC6。此设计工况中风电机组以正常状态处于停机或空转状态。

（7）停机或故障 DLC7。此设计工况为风电机组处于故障停机状态。

（8）运输安装维护 DLC8。此设计工况考虑风电机组运输、现场组装、运行维护和检修情况。

将上述 8 种风电机组运行状态分别与不同的风、波浪、水

流、水位等环境条件和外部电网条件进行组合，可以确定海上
风电机组完整的设计工况。

6.3.2 海上风电机组载荷计算结果

采用 GH Bladed 软件进行载荷计算。在 Bladed 中定义风，
设置相关参数，生成风文件，更改文件的存储位置和文件名。
生成风文件后，进行极限载荷计算。

将前述 8 种运行状态与不同的风、波浪、水流、水位等环
境条件相结合，会产生不同的工况，这里选取具有代表性的
DLC1.2、DLC1.3 和 DLC6.2 三种工况，据 IEC 61400 标准，
相关设置描述如下：

（1）DLC1.2 工况为风电机组正常湍流下正常发电。设置
速度范围为 4～26m/s，步长为 2m/s，每个风速下的风种子数
为 6。偏航角度为 −10°、0°、10°，风切变等于 0.14，计算时
间设置为 600s。对于波浪，设置风浪同向，波浪种子数为 3。
该工况下的安全系数为 1.0。

（2）DLC1.3 工况对应风电机组处在极端湍流条件下。风速
范围为 4～26m/s，步长为 2m/s，每个风速下的风种子数设为 6，。
风切变为 0.14，偏航方向为 −10°、0°、10°，仿真时间取为 600s。
该工况下的安全系数为 1.35，设置风浪同向，波浪种子数为 3。

（3）DLC6.2 工况描述风电机组在 50 年一遇的极端风下
停机。偏航误差取 0°～345°，步长为 15°，风速设置为 50m/s，
每个风速下的风种子数为 1、偏航误差也定为 1。纵向湍流强
度为 11%，波浪设定为 50 年一遇非线性波浪，种子数为 3。
该工况下的安全系数为 1.1。

计算所得作用在导管架上的极限载荷工况见表 6.4。以工
况 $F_{x-\max}$ 为例，该工况表示，F_x 取绝对值时，在数值上比其
他工况下的 F_x 都大。

表 6.4　　导管架结构极限载荷工况表

工况描述	M_x/kNm	M_y/kNm	M_z/kNm	F_x/kN	F_y/kN	F_z/kN	F_{xy}/kN
$M_{x-\max}$	101700	29217.9	10740	503.8	-1257.24	-8134.81	1354.43
$M_{x-\min}$	-101524	-38615	-2156.37	-74.1004	1759.04	-8039.71	1760.6
$M_{y-\max}$	-15968	178244	-310.662	2434.24	249.772	-7955.7	2447.03
$M_{y-\min}$	-24215.1	-177654	1420.76	-2649.61	555.151	-7945.96	2707.14
$M_{z-\max}$	61289	45128.7	26565.4	714.209	-739.73	-8084.53	1028.25
$M_{z-\min}$	-51991.2	-15181.6	-27659	127.714	991.197	-7614.93	999.391
$M_{xy-\max}$	-24215.1	-177654	1420.76	-2649.61	555.151	-7945.96	2707.14
$M_{xy-\min}$	1.14283	-0.573494	569.731	92.9378	2.32809	-7252.83	92.967
$F_{x-\max}$	-6729.91	157361	-1004.31	2619.79	358.129	-8066.72	2644.16
$F_{x-\min}$	-19558.1	-173051	-7277.69	-2705.71	436.939	-7971.94	2740.76
$F_{y-\max}$	-100780	-36051.8	-3474.54	-47.1108	1788.58	-7954.65	1789.19
$F_{y-\min}$	90579.5	11166.8	5517.57	85.3432	-1631.06	-7866.42	1633.28
$F_{z-\max}$	-1819.97	11896.8	-6298.77	80.5712	123.015	-7086.62	147.052
$F_{z-\min}$	33120.5	20238.7	15071	272.845	-194.73	-13691.8	335.209
$F_{xy-\max}$	-19558.1	-173051	-7277.69	-2705.71	436.939	-7971.94	2740.76
$F_{xy-\min}$	-66.2328	-10401.6	20.4125	0.069062	-0.104693	-13203.3	0.12542

6.4 导管架结构分析

使用 ANSYS APDL 实现多导管架的有限元建模，这里采用梁单元 Beam188 建立导管架主体结构（图 6.3），利用 AN-SYS 自带的截面工具（section）定义 6 种不同截面；采用集中质量点 mass 单元用于模拟导管架上方质量，在 mass 对应的节点上施加载荷分析对应的各工况载荷，采用多点约束 MPC184 单元连接质量点和梁单元。参考导管架位移云图和等效应力云图如图 6.4、图 6.5 所示，结果见表 6.5。

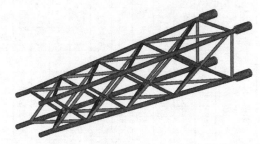

图 6.3 某型 5 MW 海上风电机组导管架支撑结构

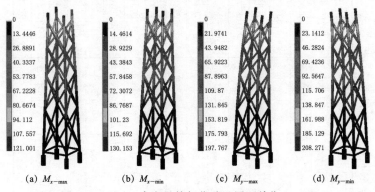

(a) $M_{x-\max}$　　(b) $M_{x-\min}$　　(c) $M_{y-\max}$　　(d) $M_{y-\min}$

图 6.4（一） 参考导管架位移云图（单位：mm）

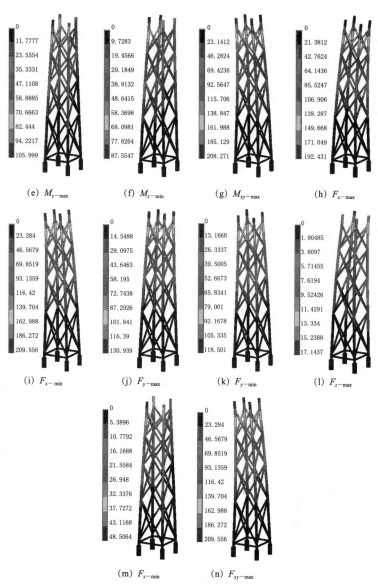

图 6.4（二） 参考导管架位移云图（单位：mm）

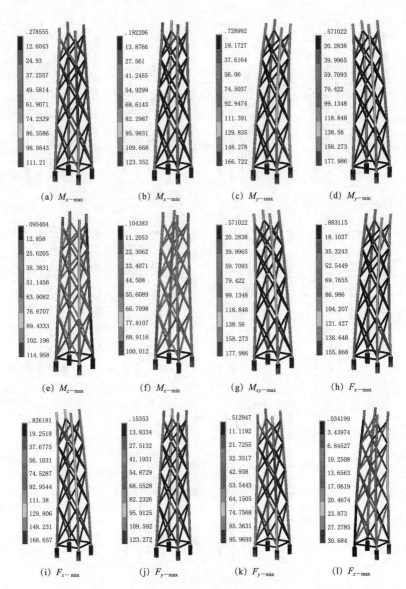

图 6.5（一）　参考导管架等效应力云图（单位：MPa）

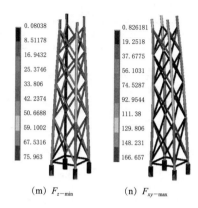

0.08038		0.826181
8.51178		19.2518
16.9432		37.6775
25.3746		56.1031
33.806		74.5287
42.2374		92.9544
50.6688		111.38
59.1002		129.806
67.5316		148.231
75.963		166.657

(m) $F_{z-\min}$ (n) $F_{xy-\max}$

图 6.5（二）　参考导管架等效应力云图（单位：MPa）

表 6.5　　**各极限工况下参考导管架最大位移和最大等效应力**

工况描述	最大位移/mm	最大等效应力/MPa
$M_{x-\max}$	121.001	111.21
$M_{x-\min}$	130.153	123.352
$M_{y-\max}$	197.767	166.722
$M_{y-\min}$	208.271	177.986
$M_{z-\max}$	105.999	114.958
$M_{z-\min}$	87.555	100.012
$M_{xy-\max}$	208.271	177.986
$F_{x-\max}$	192.431	155.868
$F_{x-\min}$	209.556	166.657
$F_{y-\max}$	130.939	123.272
$F_{y-\min}$	118.501	95.969

续表

工况描述	最大位移/mm	最大等效应力/MPa
$F_{z-\max}$	17.147	30.648
$F_{z-\min}$	48.506	75.963
$F_{xy-\max}$	209.556	166.657

由表 6.5 可知，最大位移和最大等效应力分别出现在 $F_{x-\min}$ 和 $M_{y-\min}$ 工况下。由此可知，该多导管架刚强度受推力和弯矩影响较大。由图 6.5（d）、（i）可知，X 形交叉杆应力数值相对纵梁较小，纵梁尺寸决定了应力的整体分布。

6.5 导管架结构拓扑优化设计

本节采用变密度方法实现导管架结构的拓扑优化设计。将图 6.6 所示的导管架侧壁离散为 56324 个规则四边形壳单元，赋予每个单元在 0 和 1 之间变化的相对密度变量。

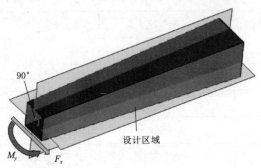

图 6.6 拓扑优化设计区域

由 6.4 节结果可知，导管架结构刚强度主要受推力和弯矩影响。在图 6.6 所示模型上施加单位力 F_x 和单位力矩 M_y，形成独立工况 1 和工况 2。以两个工况柔顺度的加权和最小化为目标，设置体积比限定材料用量，连续体结构拓扑优化列式为[77]

$$\begin{cases} \text{find}: \boldsymbol{\rho} \\ \text{minimize}: \omega \dfrac{c_1}{c_{10}} + (1-\omega) \dfrac{c_2}{c_{20}} \\ \text{s.t.}: V - f\overline{V} \leqslant 0 \\ \boldsymbol{KU}_j = \boldsymbol{F}_j, (j=1,2) \\ 0 < \underline{\rho} \leqslant \rho_e \leqslant 1, (e=1,2,\cdots,N) \end{cases} \tag{6.1}$$

式中　$\boldsymbol{\rho}$——单元相对密度列阵；

ω——权因子，$0 \leqslant \omega \leqslant 1$；

c——结构柔顺度，Nm；

j——工况标识数；

c_{10}、c_{20}——工况 1 和 2 下初始结构柔顺度，用于实现目标函数数值归一化，Nm；

V——优化结构体积和设计域体积，m^3；

f——体积比，算例取值 20%；

$\underline{\rho}$——密度值下限。

这里通过设置最小尺寸抑制拓扑优化结果中棋盘格现象[78]；考虑到结构对称性，施加如图 6.6 所示的两个平面对称[79]。权因子 ω 在 0~1 之间变化，不同权因子下的拓扑优化结果如图 6.7 所示。

由图 6.7 可知，拓扑优化构型随 ω 的变化发生渐变，体现了多目标优化问题中帕累托解特性。当 ω 数值较大，X 形交

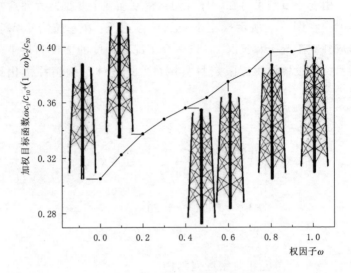

图 6.7 不同权因子下的拓扑优化结果

叉杆件层数较多，结构呈现出整体抗弯性；当 ω 数值较小，X形交叉杆件层数较少，即弯矩对导管架结构的作用具有局部性，这与文献 [7] 结论一致。

以 $\omega = 0.7$ 为例，导管结构拓扑优化迭代历程如图 6.8 所示。

由图 6.3 和图 6.9 对比可知，拓扑优化构型不包含底部横梁结构；原有结构含 4 层 X 形交叉杆，优化结构含 6 层不等间距交叉杆，且不完全以 45°方向延伸布置。优化迭代初始阶段就显现出纵梁结构，且位置布置了较多的材料，故而可对纵梁结构适当加强。为便于比较，通过调整 X 形交叉杆尺寸，使重构多导管架质量 851.252t 与原结构质量 850.992t 保持基本一致。

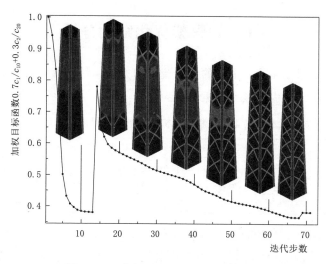

图 6.8　导管架结构拓扑优化迭代历程

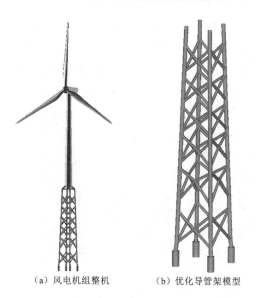

（a）风电机组整机　　　（b）优化导管架模型

图 6.9　优化整机模型及导管架有限元模型

6.6　导管架优化结构分析

采用 6.4 节中描述的分析流程和方法，计算得到表 6.7 的整机前 6 阶固有频率和振型结果。

表 6.6　优化后海上风电机组整机前 6 阶固有频率和振型

阶次	结构频率/Hz	振型描述	阶次	结构频率/Hz	振型描述
1	0.302	整体一阶弯曲	4	1.458	整体二阶弯曲
2	0.303	整体一阶弯曲	5	1.458	整体二阶弯曲
3	1.308	整体一阶扭转	6	1.598	局部二阶扭转

由表 6.3 和表 6.6 结果对比可知，优化结构一阶频率提高 4.14%，这归功于纵梁加强及 X 形交叉杆层数增加。一阶频率值 0.302Hz 处于的合理范围内，满足结构动态设计要求。

由于优化结构频率改变，遵从 6.4 节中载荷和结构分析流程，重新计算极限工况载荷，各个工况下优化结构的位移和应力分布如图 6.10、图 6.11 所示，对应的最大位移和最大应力结果见表 6.7。

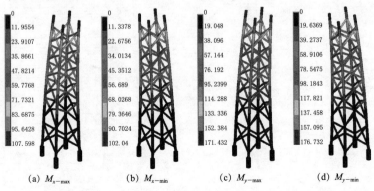

$$(a)\ M_{x-max} \qquad (b)\ M_{x-min} \qquad (c)\ M_{y-max} \qquad (d)\ M_{y-min}$$

图 6.10（一）　优化导管架位移云图（单位：mm）

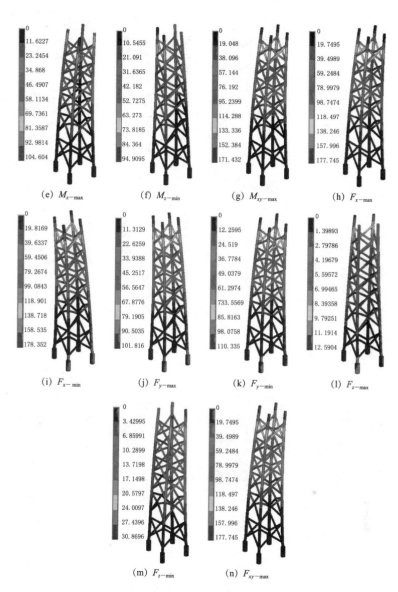

(e) $M_{z-\max}$　　　(f) $M_{z-\min}$　　　(g) $M_{xy-\max}$　　　(h) $F_{x-\max}$

(i) $F_{x-\min}$　　　(j) $F_{y-\max}$　　　(k) $F_{y-\min}$　　　(l) $F_{z-\max}$

(m) $F_{z-\min}$　　　(n) $F_{xy-\max}$

图 6.10（二）　优化导管架位移云图（单位：mm）

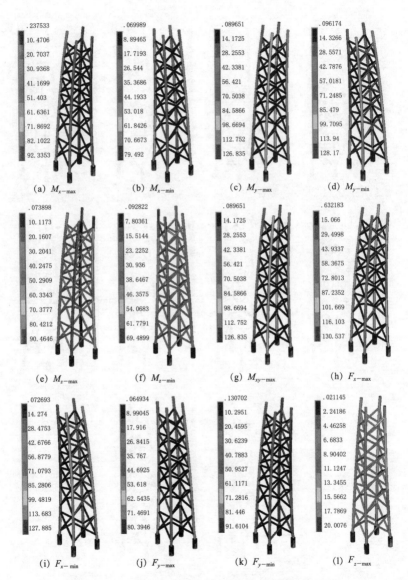

图 6.11（一） 优化导管架等效应力云图（单位：MPa）

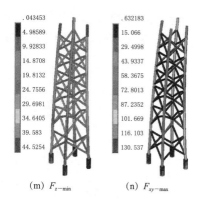

.043453		.632183
4.98589		15.066
9.92833		29.4998
14.8708		43.9337
19.8132		58.3675
24.7556		72.8013
29.6981		87.2352
34.6405		101.669
39.583		116.103
44.5254		130.537

(m) F_{z-min} (n) F_{xy-max}

图 6.11（二）　优化导管架等效应力云图（单位：MPa）

表 6.7　各极限工况下优化导管架最大位移和最大等效应力

工况描述	最大位移/mm	最大等效应力/MPa
M_{x-max}	107.598	92.335
M_{x-min}	102.040	79.492
M_{y-max}	171.432	126.835
M_{y-min}	176.732	128.170
M_{z-max}	104.604	90.465
M_{z-min}	94.910	69.490
M_{xy-max}	171.432	126.835
F_{x-max}	177.745	130.537
F_{x-min}	178.352	127.885
F_{y-max}	101.816	80.395
F_{y-min}	110.335	91.610
F_{z-max}	12.590	20.008
F_{z-min}	30.870	44.525
F_{xy-max}	177.745	130.537

为了方便对比，将参考模型与优化模型在各极限工况下的各阶频率、最大位移、最大等效应力均绘制到图 6.12 中。

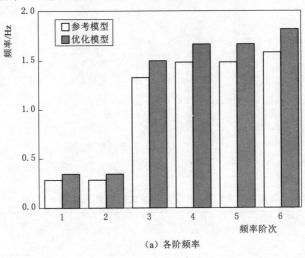

（a）各阶频率

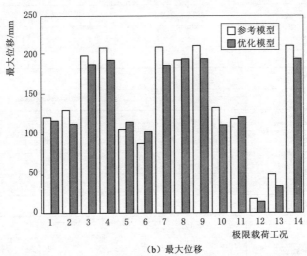

（b）最大位移

图 6.12（一） 不同极限工况下导管架结构的分析结果对比

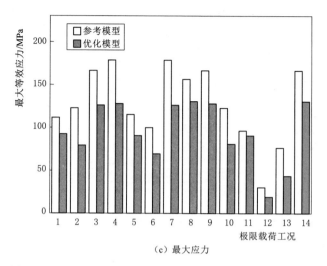

（c）最大应力

图 6.12（二） 不同极限工况下导管架结构的分析结果对比

由图 6.12 可知，最大位移发生工况不变，最大位移值由 209.556mm 降至 178.352mm，下降比例为 14.89%。最大等效应力 130.537MPa 发生在 F_x 最大工况，下降比例为 26.66%。优化结构各工况下的最大等效应力数值更加均匀。综上，在总质量几乎不变的前提下，整机一阶、二阶频率略有升高，优化结构的刚强度大幅提高。上述结果证明了提出的拓扑优化方法和流程在多导管架结构设计中的可行性和优越性。

6.7 本章小结

本章基于拓扑优化方法，对海上风电机组导管架结构进行优化设计，得到如下结论：

（1）优化结构相比于参考结构，结构具体变化是增加了斜支撑杆件的层数,各层间距不等,部分层的斜支撑杆件外形变成不规则 X 形,并且去除了底部横撑。

（2）与参考结构质量保持一致,得到在相应载荷作用下,最大位移和最大应力明显减小的优化多导管架结构,证明了拓扑优化在多导管架优化中具有可行性与优越性,为导管架结构的概念设计提供了拓扑优化设计方法。

第 7 章

海上风电机组三脚架支撑结构拓扑优化设计

7.1 引　言

相比较其他海上风电机组基础结构形式，如导管架结构，三脚架支撑结构具有刚度大、强度高的特点，由此带来了质量大、成本高的缺陷，导致结构强度冗余度偏大，因此具有一定重量优化空间。满足疲劳强度要求的基础上，本章采用拓扑优化方法实现三脚架结构的轻量化设计。

7.2　海上风电机组整机模态分析

某型海上 5MW 上风向三叶片变速变桨水平轴风电机组的风轮直径 118m，轮毂中心高度 80m，水深 43m。三角架式基础 5MW 海上风电机组的结构参数如表 7.1 所示。

参考结构由中心主筒、斜支撑、水平连杆、桩腿套管组成，材料为 Q345 钢，弹性模量、泊松比和密度分别为 210MPa、0.3 和 7850kg/m³。根据薄壁厚度，材料屈服强度取值为 275MPa。节点参数、不同节点之间的薄壁圆筒的直径、壁厚及质量见附录 B。三脚架结构示意如图 7.1 所示。

表 7.1　　　三角架式基础 5MW 海上风电机组关键参数

参　数	数　值	参　数	数　值
切入风速	3.5m/s	风轮中心高度	80m
切出风速	25m/s	塔架高度	78m
叶片长度	57m	三脚架结构高度	47m
风轮长度	118m	水深	43m

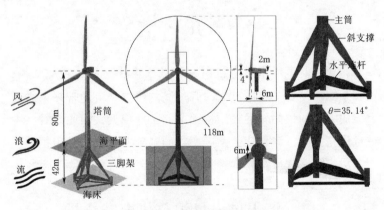

图 7.1　三脚架结构示意图

采用三脚架参考结构的 5MW 海上风电机组前 6 阶振型模态频率见表 7.2，其振型如图 7.2 所示。

已知风轮转速范围为 7.5～14r/min，1P（风轮旋转频率）上限和 3P（叶片旋转频率）下限对应频率范围为 0.233～0.375Hz。考虑到 10％的设计裕度，整机 1 阶频率合理范围为 0.256～0.341。由表 7.2 可知，参考结构 2 阶固有频率接近许用上限，存在着结构共振的可能性。

表 7.2 三脚架基础参考 **5MW** 海上风电机组整机
前 6 阶振型模态频率

阶　　次	频率/Hz	振型描述
1	0.363	整体弯曲
2	0.364	整体弯曲
3	1.595	整体扭曲
4	2.111	局部弯曲
5	2.260	整体弯曲
6	2.298	整体弯曲

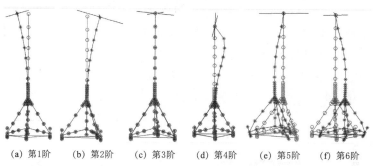

(a) 第1阶　　(b) 第2阶　　(c) 第3阶　　(d) 第4阶　　(e) 第5阶　　(f) 第6阶

图 7.2　三脚架基础参考 5MW 海上风电机组整机前 6 阶振型

7.3　海上风电机组极限环境条件工况与载荷计算

风电机组整机动力学模型描述为

$$M\ddot{u}(t) + C\dot{u}(t) + Ku(t) = F(t) \qquad (7.1)$$

式中　M——整体质量阵；

　　　C——阻尼阵；

　　　K——刚度阵；

　　　F——载荷矢量；

$u(t)$——位移矢量；

$\dot{u}(t)$——速度矢量；

$\ddot{u}(t)$——加速度矢量。

由于风电机组结构动力学建模极其复杂，包括涉及空气动力学的对风轮和叶片等结构的建模、塔筒和导管架建模、控制策略和参数确定等；对于海上风电机组，还包括对浪、流的建模，桩土相互作用等。为避免基于详细有限元模型瞬态动力学求解这一涉及庞大计算量的过程，在确保整机响应一致的前提下引入等效静力载荷的概念，5MW 海上风电机组三脚架支撑结构如图 7.3 所示，在等效静力载荷作用下，产生与某一时刻对应动力载荷作用下相同的位移，即

$$F_{\text{equivalent}} = Ku(t) \qquad (7.2)$$

式中　　$F_{\text{equivalent}}$——等效静力载荷。

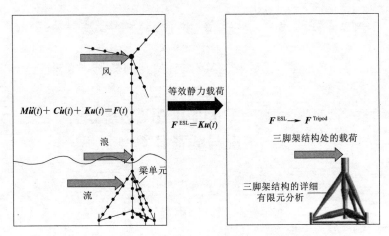

图 7.3　5MW 海上风电机组三脚架支撑结构

载荷工况选取 IEC 61400-3 标准中规定的 DLC1.3 和 DLC6.2 工况，计算所得作用在三脚架结合极限载荷工况表见表 7.3。

表 7.3   三脚架结合极限载荷工况表

工况描述	M_x/kNm	M_y/kNm	M_z/kNm	F_x/kN	F_y/kN	F_z/kN
F_{x-max}	−41089	63186.8	−1542.97	3788.25	1861.16	−6340.44
F_{x-min}	4500.75	−115734	214.64	−4836.4	−86.872	−6091.77
F_{y-max}	−61395.2	−59360	429.329	−2034.56	3090.02	−6045.09
F_{y-min}	52601.7	41606.8	−948.303	1769.33	−4065.73	6218.28
F_{z-max}	25602.9	64987.6	530.479	1495.21	−532.831	−5373.62
F_{z-min}	28346.3	46862.9	15795.1	724.376	−317.263	−10547.7
M_{x-max}	121350	−23884.2	322.418	−234.14	−1827.25	−6067.56
M_{x-min}	−113320	9998.3	−8387.88	885.784	1688.51	−6175.69
M_{y-max}	−1134.01	189015	−282.009	2700.49	−137.6	−6102.38
M_{y-min}	57050.5	−183159	1424.06	−2472.37	−959.001	−6081.96
M_{z-max}	20113.4	39022.2	23637.6	478.409	−621.523	−6391.15
M_{z-min}	−51858.1	9063.98	−25323	532.613	792.27	−5691.78
F_{xy-max}	4500.75	−115734	214.64	−4836.4	−86.872	−6091.77
M_{xy-max}	62187.7	−181655	1468.87	−2450.38	−1041.87	−6101.63

对于疲劳强度校核，根据 DLC1.2 工况进行了 216 次时序载荷仿真，图 7.4 给出了典型疲劳载荷工况下塔筒底部的 6 个时序载荷。

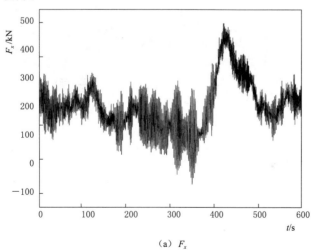

（a）F_x

图 7.4（一） 典型疲劳工况下塔筒底部时序载荷

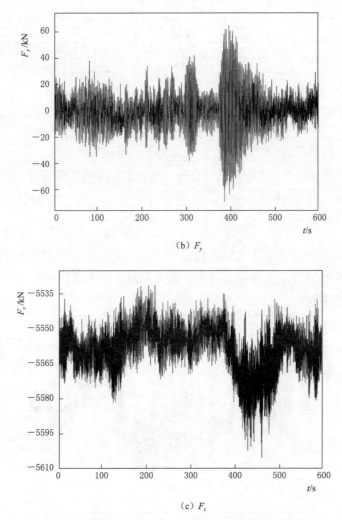

（b）F_y

（c）F_z

图 7.4（二） 典型疲劳工况下塔筒底部时序载荷

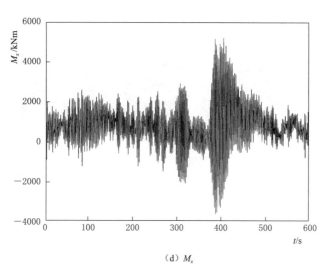

（d）M_x

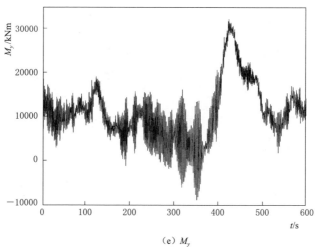

（e）M_y

图 7.4（三） 典型疲劳工况下塔筒底部时序载荷

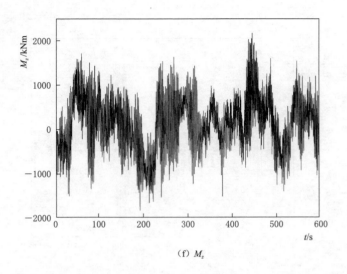

（f）M_z

图 7.4（四） 典型疲劳工况下塔筒底部时序载荷

7.4 三脚架结构极限强度校核
与疲劳损伤计算

7.4.1 极限载荷工况下的有限元仿真计算

采用四节点四面体单元离散三脚架结构，在塔筒底部和三脚架结合中心处施加外载荷，通过刚性元传递载荷。参考结构的离散模型含约 121 万个节点和 376 万个单元。14 种极限工况下参考三脚架的最大等效应力值如图 7.5 所示，各极限工况三脚架应力云图如图 7.6 所示，各极限工况三脚架位移云图分别如图 7.7 所示，参考三脚架极限工况最大位移见表 7.4。以 $M_{x-\max}$ 工况为例，表示在所有的载荷工况中，该工况对应 x 方向弯矩的代数值最大，其他工况含义依此类推。

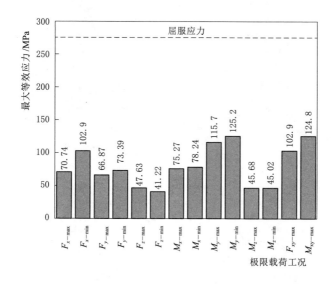

图 7.5　14 种极限工况下参考三脚架的最大等效应力值

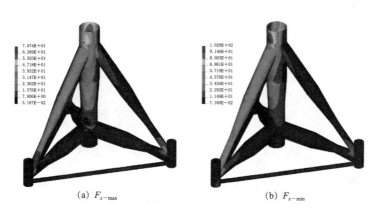

(a) $F_{x-\max}$　　　　　　　　(b) $F_{x-\min}$

图 7.6（一）　各极限工况三脚架应力云图（单位：MPa）

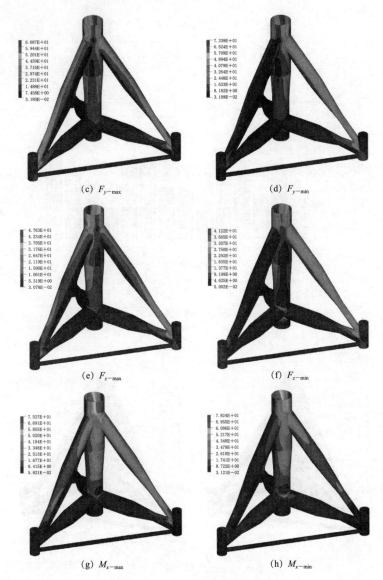

(c) F_{y-max}

(d) F_{y-min}

(e) F_{z-max}

(f) F_{z-min}

(g) M_{x-max}

(h) M_{x-min}

图 7.6（二） 各极限工况三脚架应力云图（单位：MPa）

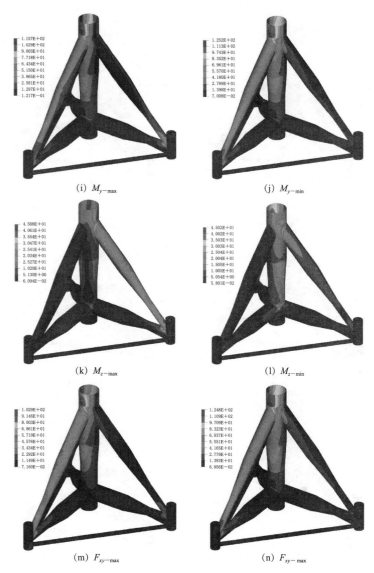

图 7.6（三）　各极限工况三脚架应力云图（单位：MPa）

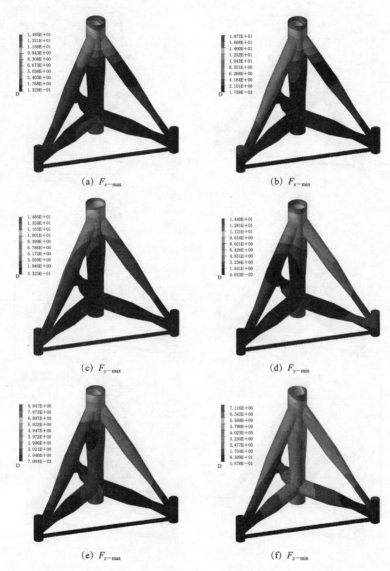

(a) F_{x-max}

(b) F_{x-min}

(c) F_{y-max}

(d) F_{y-min}

(e) F_{z-max}

(f) F_{z-min}

图 7.7（一） 各极限工况三脚架位移云图（单位：mm）

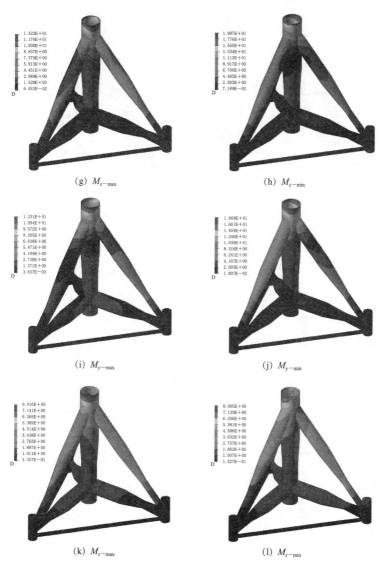

（g）$M_{x-\max}$　　　　　　　　　　（h）$M_{x-\min}$

（i）$M_{y-\max}$　　　　　　　　　　（j）$M_{y-\min}$

（k）$M_{z-\max}$　　　　　　　　　　（l）$M_{z-\min}$

图 7.7（二）　各极限工况三脚架位移云图（单位：mm）

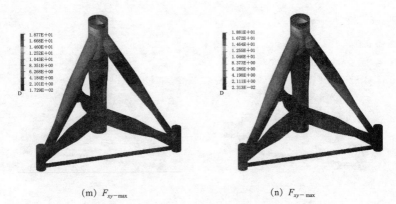

(m) F_{xy-max} (n) F_{xy-max}

图 7.7（三） 各极限工况三脚架位移云图（单位：mm）

表 7.4 **参考三脚架极限工况最大位移**

工 况	最大位移/mm
F_{x-max}	14.85
F_{x-min}	18.77
F_{y-max}	14.85
F_{y-min}	14.40
F_{z-max}	8.847
F_{z-min}	7.116
M_{x-max}	13.22
M_{x-min}	12.31
M_{y-max}	19.97
M_{y-min}	18.69
M_{z-max}	8.016
M_{z-min}	8.005
F_{xy-max}	18.77
M_{xy-max}	18.81

由图 7.5 可知，参考结构的最大等效应力为 125.2MPa，发生在 $M_{y-\min}$ 工况，且小于材料屈服强度 275MPa，具有较大的极限强度冗余。

7.4.2 疲劳强度校核

海上风电机组运行周期内的平均风速的变化是随机的，近似服从双参数威布尔分布，即

$$P(v)=0.217\left(\frac{v}{9.767}\right)^{1.12} e^{-\left(\frac{v}{9.767}\right)^{2.12}} \tag{7.3}$$

假设外部载荷通道的数量为 $\bar{k}$，不同分量的方向对应的单元载荷为 f_1，f_2，…，$f_{\bar{k}}$，应力影响矩阵定义为

$$\overline{\boldsymbol{M}}=\begin{bmatrix} \sigma_{x,f_1} & \sigma_{x,f_2} & \cdots & \sigma_{x,f_{\bar{k}}} \\ \sigma_{y,f_1} & \sigma_{y,f_2} & \cdots & \sigma_{y,f_{\bar{k}}} \\ \sigma_{z,f_1} & \sigma_{z,f_2} & \cdots & \sigma_{z,f_{\bar{k}}} \\ \tau_{xy,f_1} & \tau_{xy,f_2} & \cdots & \tau_{xy,f_{\bar{k}}} \\ \tau_{yz,f_1} & \tau_{yz,f_2} & \cdots & \tau_{yz,f_{\bar{k}}} \\ \tau_{zx,f_1} & \tau_{zx,f_2} & \cdots & \tau_{yz,f_{\bar{k}}} \end{bmatrix}_{6\times\bar{k}} \tag{7.4}$$

式中 第 j 列——表示每个由 f_j 引起的每个应力分量，应力影响矩阵 $\overline{\boldsymbol{M}}$ 可以通过 $\bar{k}$ 次有限元计算获取，为提高计算速度，应尽量减小 $\bar{k}$ 值。

任意点的应力分量可计算为

$$\boldsymbol{\sigma}=\begin{bmatrix} \sigma_x \\ \sigma_y \\ \sigma_z \\ \tau_{xy} \\ \tau_{yz} \\ \tau_{zx} \end{bmatrix}_{6\times1}=\overline{\boldsymbol{M}}\times\begin{bmatrix} F_1 \\ F_2 \\ F_3 \\ F_4 \\ \vdots \\ F_k \end{bmatrix}_{\bar{k}\times1} \tag{7.5}$$

式中 $\begin{bmatrix} F_1 & F_2 & F_3 & F_4 & \cdots & F_{\bar{k}} \end{bmatrix}^{\mathrm{T}}$——不同载荷分量 f_1，f_2，$\cdots$，$f_{\bar{k}}$ 方向上载荷的大小。

由式（7.5）可知，计算时序应力的关键在于应力影响矩阵 $\overline{M}$ 的获取，在应力影响矩阵 $\overline{M}$ 基础上，可以轻易获取不同节点对应的应力分量，大大减少计算量，提高计算效率。

等效应力计算表达式为

$$\sigma^{\mathrm{VM}} = \sqrt{\frac{(\sigma_x - \sigma_y)^2 + (\sigma_y - \sigma_z)^2 + (\sigma_z - \sigma_x)^2 + 6(\tau_{xy}^2 + \tau_{yz}^2 + \tau_{zx}^2)}{2}}$$

（7.6）

由式（7.6）计算出的等效应力恒正，为了反映应力的正负，采用加符号的等效应力，即

$$\sigma^{\mathrm{SVM}} = \mathrm{sign}(\overline{W}^{\mathrm{T}} \boldsymbol{\sigma}) \sigma^{\mathrm{VM}}$$

（7.7）

式中 $\overline{W}$——主应力方向，可表示为 $\overline{W} = \begin{bmatrix} 1 & 1 & 1 & 0 & 0 & 0 \end{bmatrix}^{\mathrm{T}}$。

S - N 曲线描述的是材料的应力与寿命之间的关系，配合 Miner 准则计算疲劳寿命。阴极保护海水环境和海水自由腐蚀环境下的管节点 S - N 曲线如图 7.8 所示，数学表达式为

$$\lg \overline{N} = \lg \overline{a} - \overline{m} \lg \left\{ \Delta \sigma \left[\min\left(1, \frac{\overline{t}}{t_{\mathrm{ref}}}\right) \right]^{\overline{q}} \right\}$$

（7.8）

式中 $\overline{N}$——循环次数；

$\overline{m}$——S - N 曲线斜率的负倒数；

$\overline{a}$——S - N 曲线在 $\lg \overline{N}$ 轴上的截距；

t_{ref}——参考厚度，非管节点和管节点焊接分别取值 25mm 和 32mm；

$\overline{t}$——最可能发生裂纹的厚度；

$\overline{q}$——厚度指数。

不同环境下管节点 S - N 曲线参数取值见表 7.5。

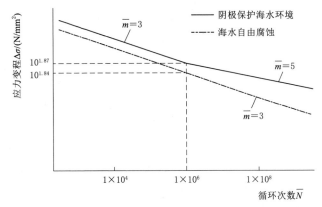

图 7.8 管节点 S - N 曲线

表 7.5 不同环境下管节点 S - N 曲线参数取值

环境	$\overline{m}_1$	$\lg\overline{a}_1$	$\overline{m}_2$	$\lg\overline{a}_2$	10^7 次循环的疲劳极限/MPa
阴极保护	3.0	12.18	5.0	16.13	67.09
自由腐蚀	3.0	12.03	3.0	12.03	—

采用雨流计数法计算疲劳损伤，雨流计数法利用应力-应变迟滞循环模拟材料的记忆现象，并从应力序列中提取典型计数段进行统计。典型的雨流计数过程如图 7.9 所示。

基于 Palmgren - Miner 准则统计的疲劳损伤判断法则为

$$D = \sum \frac{\overline{n}_i}{\overline{N}_i} \leqslant 1 \tag{7.9}$$

式中 $\overline{n}_i$、$\overline{N}_i$——实际发生的应力循环次数和在 S - N 曲线中允许该变程发生的次数。

选取阴极保护环境和海水自由腐蚀环境下 S - N 曲线，利用 DNV Bladed™ 软件与应力影响矩阵方法联合计算累积疲劳损伤，参考结构的累积疲劳损伤分布如图 7.10 所示。

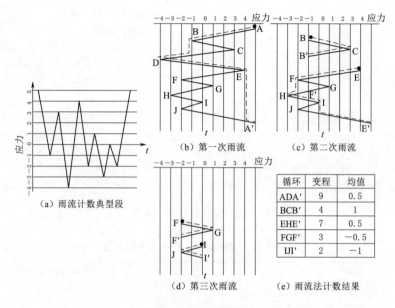

（a）雨流计数典型段

（b）第一次雨流

（c）第二次雨流

（d）第三次雨流

（e）雨流法计数结果

循环	变程	均值
ADA′	9	0.5
BCB′	4	1
EHE′	7	0.5
FGF′	3	−0.5
IJI′	2	−1

图 7.9　雨流计数过程

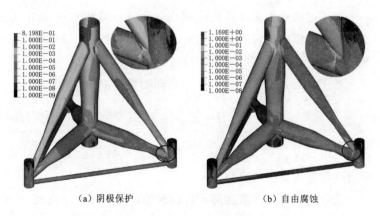

（a）阴极保护

（b）自由腐蚀

图 7.10　参考结构的累积疲劳损伤分布

由图 7.10 可知，参考结构在两种环境下的最大疲劳损伤均发生在桩与水平连杆相贯处。根据 Miner 准则，参考结构不能满足海上环境的疲劳设计要求。值得注意的是，极限强度校核最大应力发生的位置与疲劳损伤最大值发生的位置有所不同。由于斜支撑承受了大部分的弯矩和一部分的扭矩，极限应力最大值多发生于中心主筒和斜支撑相贯处。部分扭矩通过水平连杆传递至桩腿处，而水平连杆相对薄弱，由此可以推断，导致疲劳失效的主要原因是扭矩而不是弯矩。通过对比极限强度校核结果和疲劳损伤校核结果可知，疲劳损伤是三脚架结构设计的重要因素。

7.5　三脚架结构的拓扑优化概念设计

风载荷以水平推力为主作用于风轮，在塔筒底部形成以弯矩为主的载荷形式。三脚架结构拓扑优化采用的模型如图 7.11 所示，在塔筒根部施加单位弯矩作为拓扑优化的载荷条件。采用实体材料填充可能的设计区域，设置 20% 体积比约束，考虑到结构对称性，施加 120° 旋转对称制造性约束。三脚架结构拓扑目标函数优化迭代历程如图 7.12 所示，图中纵坐标为归一化数值 c/c_0，其中 c_0 代表初始结构的柔顺度值。

由图 7.12 可知，代表目标函数的曲线在优化前几轮迅速下降，优化结构逐渐清晰，形成从桩基到中心主筒的传力路径，且优化构型呈一定弧度的拱形；中心主筒与斜支撑相贯处的材料堆积较多，意味着该位置应予以加强；尽管优化结果中保留部分水平连杆，但难以形成独立的承载结构。根据结果分析，删除原结构中的水平连杆，增大斜支撑和中心主筒厚度可以弥补刚强度的下降。

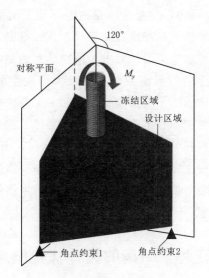

图 7.11 三脚架结构拓扑优化采用的模型

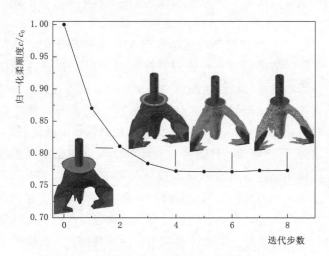

图 7.12 三脚架结构拓扑目标函数优化迭代历程

7.6 三脚架结构重构与结构分析

根据对拓扑优化结果的分析，删除参考结构的水平连杆，将斜支撑和中心主筒加厚以补偿损失的结构刚度和强度。注意到拓扑优化结果中的中心主筒几乎完全保留甚至部分加厚，但中心主筒下部的应力水平和疲劳损伤不高，故基于工程经验，在优化结构中将下半部分中心主筒删除。

结合可加工性，基于优化结果的三脚架结构重构模型如图7.13 所示，优化结构节点参数、模型参数见附录 B。参考和优化重构结构质量分别为 1698.32t 和 1421.67t，减重比达16.29%，初步实现了三脚架结构的轻量化设计。

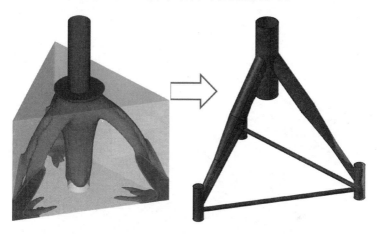

图 7.13　三脚架结构重构模型

下面将对参考结构和优化结构的频率、极限强度校核、疲劳强度校核三个方面进行对比分析，优化结构的前 6 阶频率和振型见表 7.6。

141

表 7.6　　　　　　　　**优化结构的前 6 阶频率和振型**

阶　次	频率/Hz	振　型
1	0.320	整体弯曲
2	0.321	整体弯曲
3	1.460	整体弯曲
4	1.477	整体弯曲
5	1.492	整体扭曲
6	1.991	局部弯曲

　　重新计算优化结构的极限载荷和疲劳载荷并进行极限强度校核，优化三脚架结构 14 种极限载荷工况下的最大等效应力值如图 7.14 所示。各极限工况优化三脚架等效应力云图如图7.15 所示，各极限工况优化三脚架位移云图如图 7.16 所示，优化三脚架极限工况最大位移统计见表 7.7。

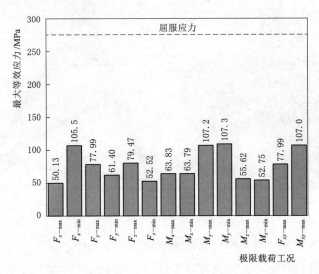

图 7.14　优化三脚架结构 14 种极限载荷工况下的最大等效应力值

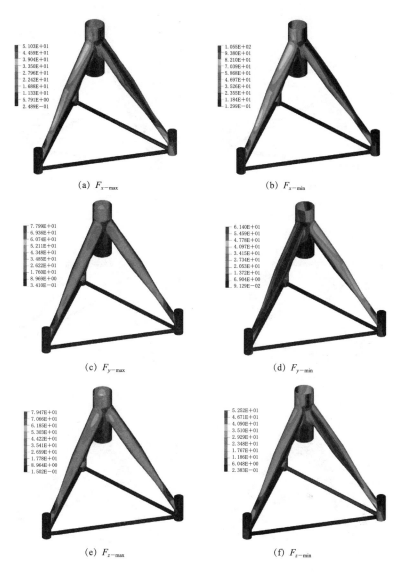

图 7.15（一） 各极限工况优化三脚架等效应力云图（单位：MPa）

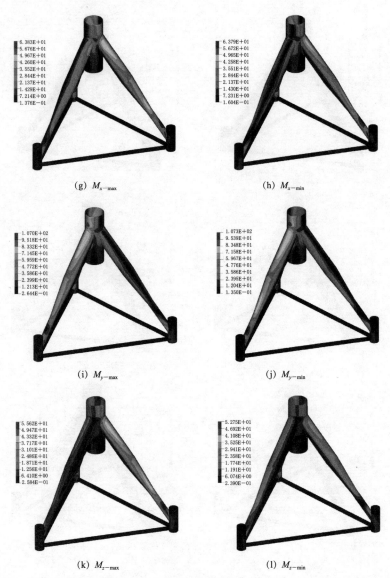

图 7.15（二） 各极限工况优化三脚架等效应力云图（单位：MPa）

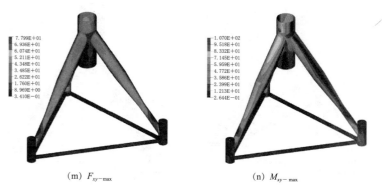

(m) $F_{xy-\max}$　　　　　　　　(n) $M_{xy-\max}$

图 7.15（三）　各极限工况优化三脚架等效应力云图（单位：MPa）

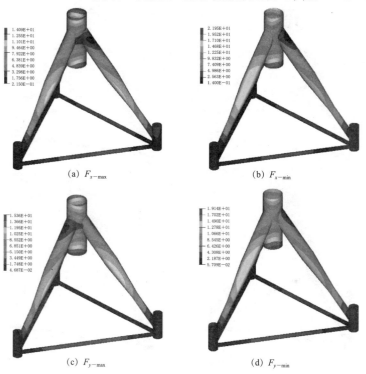

(a) $F_{x-\max}$　　　　　　　　(b) $F_{x-\min}$

(c) $F_{y-\max}$　　　　　　　　(d) $F_{y-\min}$

图 7.16（一）　各极限工况优化三脚架位移云图（单位：mm）

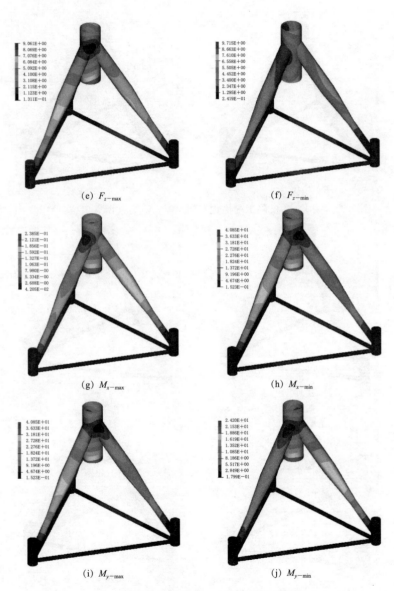

图 7.16（二） 各极限工况优化三脚架位移云图（单位：mm）

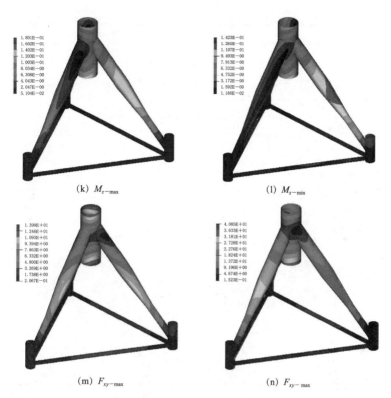

1.801E−01	1.423E−01
1.602E−01	1.265E−01
1.402E−01	1.107E−01
1.203E−01	9.493E−00
1.003E−01	7.913E−00
8.034E−00	6.332E−00
6.306E−00	4.752E−00
4.043E−00	3.172E−00
2.047E−00	1.592E−00
5.104E−02	1.166E−02

（k）$M_{z-\max}$ 　　　　　（l）$M_{z-\min}$

1.399E+01	4.085E+01
1.246E+01	3.633E+01
1.093E+01	3.181E+01
9.394E+00	2.728E+01
7.863E+00	2.276E+01
6.332E+00	1.824E+01
4.800E+00	1.372E+01
3.269E+00	9.196E+00
1.738E+00	4.674E+00
2.067E−01	1.523E−01

（m）$F_{xy-\max}$ 　　　　　（n）$F_{xy-\max}$

图 7.16（三）　各极限工况优化三脚架位移云图（单位：mm）

表 7.7　　　　　　　　优化三脚架极限工况最大位移

工　况	最大位移/mm
$F_{x-\max}$	14.09
$F_{x-\min}$	21.95
$F_{y-\max}$	15.36
$F_{y-\min}$	19.14
$F_{z-\max}$	9.061
$F_{z-\min}$	9.715

续表

工　　况	最大位移/mm
$M_{x-\max}$	23.85
$M_{x-\min}$	24.20
$M_{y-\max}$	40.85
$M_{y-\min}$	37.61
$M_{z-\max}$	18.01
$M_{z-\min}$	14.23
$F_{xy-\max}$	13.99
$M_{xy-\max}$	40.85

选取阴极保护环境和海水自由腐蚀环境下 $S-N$ 曲线，优化结构的累积疲劳损伤分布如图 7.17 所示。

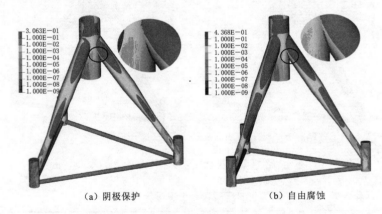

（a）阴极保护　　　　　　　　（b）自由腐蚀

图 7.17　优化结构的累积疲劳损伤分布

由图 7.17 可知，优化结构最大疲劳损伤发生在斜支撑与中心主筒相贯处。最大疲劳损伤值 0.437，疲劳累积损伤分布均匀，发挥了结构各部分承载的潜力，根据 Palmgren - Miner 准则可知优化结构满足疲劳强度设计要求。

综合上述力学性能可以推断，优化三脚架结构满足固有频率、极限强度和疲劳强度设计要求，并实现了结构的大幅减重，证明了提出的拓扑优化方法的可行性和优越性。

7.7　本 章 小 结

本章提出某型 5MW 海上风电机组三脚架支撑结构的拓扑优化设计方法，得到如下结论：

（1）根据三脚架结构和所受载荷特点，给出了拓扑优化列式、求解算法和消除数值不稳定性措施。

（2）得到了由最优传力路径形成的拓扑优化结果，并根据拓扑优化结果重构三脚架优化结构。

（3）通过与参考结构对比分析，证明了优化三脚架结构满足静动态设计要求，并实现了大幅度减重。由此总结出一套海上风电机组三脚架结构设计协同的拓扑优化方法与流程。

附　　录

附录A　导管架相关参数

导管架参数见表 A.1。

表 A.1　　　　　　　　　　导　管　架　参　数

薄壁圆筒编号	节点编号	直径/m	壁厚/mm	单位长度质量/(kg/m)
1（End1）	1	2.082	60	2991.93
1（End2）	5	2.082	60	2991.93
2（End1）	2	2.082	60	2991.93
2（End2）	6	2.082	60	2991.93
3（End1）	3	2.082	60	2991.93
3（End2）	7	2.082	60	2991.93
4（End1）	4	2.082	60	2991.93
4（End2）	8	2.082	60	2991.93
5（End1）	8	2.082	490	19237.9
5（End2）	28	2.082	490	19237.9
6（End1）	25	2.082	490	19237.9
6（End2）	5	2.082	490	19237.9
7（End1）	26	2.082	490	19237.9
7（End2）	6	2.082	490	19237.9
8（End1）	27	2.082	490	19237.9

续表

薄壁圆筒编号	节点编号	直径/m	壁厚/mm	单位长度质量/(kg/m)
8（End2）	7	2.082	490	19237.9
9（End1）	35	1.2	50	1418.04
9（End2）	25	1.2	50	1418.04
10（End1）	36	1.2	50	1418.04
10（End2）	26	1.2	50	1418.04
11（End1）	37	1.2	50	1418.04
11（End2）	27	1.2	50	1418.04
12（End1）	38	1.2	50	1418.04
12（End2）	28	1.2	50	1418.04
13（End1）	39	1.2	50	1418.04
13（End2）	35	1.2	50	1418.04
14（End1）	40	1.2	50	1418.04
14（End2）	36	1.2	50	1418.04
15（End1）	41	1.2	50	1418.04
15（End2）	37	1.2	50	1418.04
16（End1）	42	1.2	50	1418.04
16（End2）	38	1.2	50	1418.04
17（End1）	43	1.2	50	1418.04
17（End2）	39	1.2	50	1418.04
18（End1）	44	1.2	50	1418.04
18（End2）	40	1.2	50	1418.04
19（End1）	45	1.2	50	1418.04
19（End2）	41	1.2	50	1418.04
20（End1）	46	1.2	50	1418.04

薄壁圆筒编号	节点编号	直径/m	壁厚/mm	单位长度质量/(kg/m)
20（End2)	42	1.2	50	1418.04
21（End1)	43	1.2	50	1418.04
21（End2)	51	1.2	50	1418.04
22（End1)	44	1.2	50	1418.04
22（End2)	52	1.2	50	1418.04
23（End1)	45	1.2	50	1418.04
23（End2)	53	1.2	50	1418.04
24（End1)	54	1.2	50	1418.04
24（End2)	46	1.2	50	1418.04
25（End1)	51	1.2	35	1005.57
25（End2)	59	1.2	35	1005.57
26（End1)	52	1.2	35	1005.57
26（End2)	60	1.2	35	1005.57
27（End1)	53	1.2	35	1005.57
27（End2)	61	1.2	35	1005.57
28（End1)	54	1.2	35	1005.57
28（End2)	62	1.2	35	1005.57
29（End1)	13	1.2	35	1005.57
29（End2)	59	1.2	35	1005.57
30（End1)	14	1.2	35	1005.57
30（End2)	60	1.2	35	1005.57
31（End1)	15	1.2	35	1005.57
31（End2)	61	1.2	35	1005.57
32（End1)	16	1.2	35	1005.57

续表

薄壁圆筒编号	节点编号	直径/m	壁厚/mm	单位长度质量/(kg/m)
32（End2）	62	1.2	35	1005.57
33（End1）	43	0.8	20	384.719
33（End2）	47	0.8	20	384.719
34（End1）	43	0.8	20	384.719
34（End2）	49	0.8	20	384.719
35（End1）	44	0.8	20	384.719
35（End2）	47	0.8	20	384.719
36（End1）	44	0.8	20	384.719
36（End2）	50	0.8	20	384.719
37（End1）	46	0.8	20	384.719
37（End2）	48	0.8	20	384.719
38（End1）	46	0.8	20	384.719
38（End2）	49	0.8	20	384.719
39（End1）	47	0.8	20	384.719
39（End2）	51	0.8	20	384.719
40（End1）	47	0.8	20	384.719
40（End2）	52	0.8	20	384.719
41（End1）	48	0.8	20	384.719
41（End2）	45	0.8	20	384.719
42（End1）	48	0.8	20	384.719
42（End2）	53	0.8	20	384.719
43（End1）	49	0.8	20	384.719
43（End2）	51	0.8	20	384.719
44（End1）	49	0.8	20	384.719

薄壁圆筒编号	节点编号	直径/m	壁厚/mm	单位长度质量/(kg/m)
44（End2）	54	0.8	20	384.719
45（End1）	50	0.8	20	384.719
45（End2）	45	0.8	20	384.719
46（End1）	50	0.8	20	384.719
46（End2）	52	0.8	20	384.719
47（End1）	50	0.8	20	384.719
47（End2）	53	0.8	20	384.719
48（End1）	54	0.8	20	384.719
48（End2）	48	0.8	20	384.719
49（End1）	51	0.8	20	384.719
49（End2）	55	0.8	20	384.719
50（End1）	51	0.8	20	384.719
50（End2）	57	0.8	20	384.719
51（End1）	52	0.8	20	384.719
51（End2）	58	0.8	20	384.719
52（End1）	53	0.8	20	384.719
52（End2）	56	0.8	20	384.719
53（End1）	54	0.8	20	384.719
53（End2）	56	0.8	20	384.719
54（End1）	54	0.8	20	384.719
54（End2）	57	0.8	20	384.719
55（End1）	55	0.8	20	384.719
55（End2）	52	0.8	20	384.719
56（End1）	55	0.8	20	384.719

续表

薄壁圆筒编号	节点编号	直径/m	壁厚/mm	单位长度质量/(kg/m)
56 (End2)	60	0.8	20	384.719
57 (End1)	56	0.8	20	384.719
57 (End2)	62	0.8	20	384.719
58 (End1)	57	0.8	20	384.719
58 (End2)	59	0.8	20	384.719
59 (End1)	57	0.8	20	384.719
59 (End2)	62	0.8	20	384.719
60 (End1)	58	0.8	20	384.719
60 (End2)	53	0.8	20	384.719
61 (End1)	58	0.8	20	384.719
61 (End2)	61	0.8	20	384.719
62 (End1)	59	0.8	20	384.719
62 (End2)	55	0.8	20	384.719
63 (End1)	60	0.8	20	384.719
63 (End2)	58	0.8	20	384.719
64 (End1)	61	0.8	20	384.719
64 (End2)	56	0.8	20	384.719
65 (End1)	9	0.8	20	384.719
65 (End2)	14	0.8	20	384.719
66 (End1)	9	0.8	20	384.719
66 (End2)	60	0.8	20	384.719
67 (End1)	10	0.8	20	384.719
67 (End2)	15	0.8	20	384.719
68 (End1)	10	0.8	20	384.719

薄壁圆筒编号	节点编号	直径/m	壁厚/mm	单位长度质量/(kg/m)
68（End2）	16	0.8	20	384.719
69（End1）	10	0.8	20	384.719
69（End2）	61	0.8	20	384.719
70（End1）	11	0.8	20	384.719
70（End2）	16	0.8	20	384.719
71（End1）	11	0.8	20	384.719
71（End2）	62	0.8	20	384.719
72（End1）	12	0.8	20	384.719
72（End2）	14	0.8	20	384.719
73（End1）	12	0.8	20	384.719
73（End2）	15	0.8	20	384.719
74（End1）	12	0.8	20	384.719
74（End2）	61	0.8	20	384.719
75（End1）	13	0.8	20	384.719
75（End2）	9	0.8	20	384.719
76（End1）	13	0.8	20	384.719
76（End2）	11	0.8	20	384.719
77（End1）	59	0.8	20	384.719
77（End2）	9	0.8	20	384.719
78（End1）	59	0.8	20	384.719
78（End2）	11	0.8	20	384.719
79（End1）	60	0.8	20	384.719
79（End2）	12	0.8	20	384.719
80（End1）	62	0.8	20	384.719

续表

薄壁圆筒编号	节点编号	直径/m	壁厚/mm	单位长度质量/(kg/m)
80（End2）	10	0.8	20	384.719
81（End1）	18	1.2	35	1005.57
81（End2）	76	1.2	35	1005.57
82（End1）	75	1.2	35	1005.57
82（End2）	18	1.2	35	1005.57
83（End1）	18	1.2	35	1005.57
83（End2）	77	1.2	35	1005.57
84（End1）	18	1.2	35	1005.57
84（End2）	78	1.2	35	1005.57
85（End1）	75	0.8	20	384.719
85（End2）	17	0.8	20	384.719
86（End1）	76	0.8	20	384.719
86（End2）	17	0.8	20	384.719
87（End1）	17	0.8	20	384.719
87（End2）	77	0.8	20	384.719
88（End1）	17	0.8	20	384.719
88（End2）	78	0.8	20	384.719
89（End1）	17	6	80	11679.7
89（End2）	18	6	80	11679.7
90（End1）	18	6	80	11679.7
90（End2）	19	6	80	11679.7
91（End1）	20	6	80	11679.7
91（End2）	19	6	80	11679.7
92（End1）	21	6	80	11679.7

薄壁圆筒编号	节点编号	直径/m	壁厚/mm	单位长度质量/(kg/m)
92（End2）	20	6	80	11679.7
93（End1）	22	6	80	11679.7
93（End2）	21	6	80	11679.7
94（End1）	23	6	80	11679.7
94（End2）	22	6	80	11679.7
95（End1）	24	6	80	11679.7
95（End2）	23	6	80	11679.7
96（End1）	29	5.5	70	9373.82
96（End2）	24	6	70	10237
97（End1）	30	5.2	60	7605.59
97（End2）	29	5.6	60	8197.47
98（End1）	31	4.8	50	5857.1
98（End2）	30	5.2	50	6350.33
99（End1）	32	4.4	40	4300.96
99（End2）	31	4.8	40	4695.54
100（End1）	32	4.4	30	3233.12
100（End2）	33	4	30	2937.18
101（End1）	34	3.6	20	1765.76
101（End2）	33	4	20	1963.05
102（End1）	13	1.2	35	1005.57
102（End2）	67	1.2	35	1005.57
103（End1）	67	1.2	35	1005.57
103（End2）	71	1.2	35	1005.57
104（End1）	16	1.2	35	1005.57

薄壁圆筒编号	节点编号	直径/m	壁厚/mm	单位长度质量/(kg/m)
104（End2）	68	1.2	35	1005.57
105（End1）	68	1.2	35	1005.57
105（End2）	72	1.2	35	1005.57
106（End1）	15	1.2	35	1005.57
106（End2）	69	1.2	35	1005.57
107（End1）	69	1.2	35	1005.57
107（End2）	73	1.2	35	1005.57
108（End1）	14	1.2	35	1005.57
108（End2）	70	1.2	35	1005.57
109（End1）	13	0.8	20	384.719
109（End2）	63	0.8	20	384.719
110（End1）	63	0.8	20	384.719
110（End2）	70	0.8	20	384.719
111（End1）	14	0.8	20	384.719
111（End2）	63	0.8	20	384.719
112（End1）	63	0.8	20	384.719
112（End2）	67	0.8	20	384.719
113（End1）	16	0.8	20	384.719
113（End2）	64	0.8	20	384.719
114（End1）	64	0.8	20	384.719
114（End2）	69	0.8	20	384.719
115（End1）	15	0.8	20	384.719
115（End2）	64	0.8	20	384.719
116（End1）	64	0.8	20	384.719

薄壁圆筒编号	节点编号	直径/m	壁厚/mm	单位长度质量/(kg/m)
116 (End2)	68	0.8	20	384.719
117 (End1)	13	0.8	20	384.719
117 (End2)	65	0.8	20	384.719
118 (End1)	65	0.8	20	384.719
118 (End2)	68	0.8	20	384.719
119 (End1)	16	0.8	20	384.719
119 (End2)	65	0.8	20	384.719
120 (End1)	65	0.8	20	384.719
120 (End2)	67	0.8	20	384.719
121 (End1)	14	0.8	20	384.719
121 (End2)	66	0.8	20	384.719
122 (End1)	66	0.8	20	384.719
122 (End2)	69	0.8	20	384.719
123 (End1)	15	0.8	20	384.719
123 (End2)	66	0.8	20	384.719
124 (End1)	66	0.8	20	384.719
124 (End2)	70	0.8	20	384.719
125 (End1)	75	1.2	40	1144.29
125 (End2)	71	1.2	40	1144.29
126 (End1)	76	1.2	40	1144.29
126 (End2)	72	1.2	40	1144.29
127 (End1)	78	1.2	40	1144.29
127 (End2)	73	1.2	40	1144.29
128 (End1)	77	1.2	40	1144.29
128 (End2)	74	1.2	40	1144.29

续表

薄壁圆筒编号	节点编号	直径/m	壁厚/mm	单位长度质量/(kg/m)
129（End1）	70	1.2	35	1005.57
129（End2）	74	1.2	35	1005.57
130（End1）	39	0.8	20	384.719
130（End2）	40	0.8	20	384.719
131（End1）	40	0.8	20	384.719
131（End2）	41	0.8	20	384.719
132（End1）	41	0.8	20	384.719
132（End2）	42	0.8	20	384.719
133（End1）	42	0.8	20	384.719
133（End2）	39	0.8	20	384.719

附录 B   三 脚 架 相 关 参 数

表 B.1　　　　　　　　　**参考结构节点参数表**

节点	x 向坐标/m	y 向坐标/m	z 向坐标/m
1	12.5	21.65	-43
2	12.5	-21.65	-43
3	-25	0	-43
4	12.5	21.65	-42
5	12.5	-21.65	-42
6	-25	0	-42
7	12.5	21.65	-41
8	12.5	-21.65	-41
9	-25	0	-41
10	12.5	21.65	-39
11	12.5	-21.65	-39
12	-25	0	-39
13	12.5	21.65	-34
14	12.5	-21.65	-34
15	-25	0	-34
16	0	0	-38.5
17	0	0	-33
18	0	0	-25
19	0	0	-17
20	0	0	-10
21	0	0	-8

节点	x 向坐标/m	y 向坐标/m	z 向坐标/m
22	0	0	-6
23	0	0	-4
24	0	0	-2
25	0	0	0
26	0	0	2
27	0	0	4
28	0	0	6
29	0	0	8
30	0	0	10
31	0	0	15
32	0	0	25
33	0	0	35
34	0	0	45
35	0	0	55
36	0	0	65
37	9	15.59	-37.32
38	9	-15.59	-37.32
39	-18	0	-37.32
40	5.5	9.54	-35.64
41	5.5	-9.54	-35.64
42	-11	0	-35.64
43	9	15.59	-29.2
44	9	-15.59	-29.2
45	-18	0	-29.2

节点	x 向坐标/m	y 向坐标/m	z 向坐标/m
46	5.48	9.49	−19.33
47	5.48	−9.49	−19.33
48	−10.95	0	−19.33
49	2.14	3.71	−10
50	2.14	−3.71	−10
51	−4.29	0	−10
52	1.43	2.47	−8
53	1.43	−2.47	−8
54	−2.86	0	−8
55	0.71	1.24	−6
56	0.71	−1.24	−6
57	−1.43	0	−6
58	0	0	78

表 B.2　　　　参考结构模型参数

薄壁圆筒编号	节点编号	直径/m	壁厚/mm
1（End1）	1	2	150
1（End2）	4	2	150
2（End1）	4	2.6	150
2（End2）	7	2.6	150
3（End1）	7	2.6	150
3（End2）	10	2.6	150
4（End1）	10	2.6	150
4（End2）	13	2.6	150
5（End1）	2	2	150

薄壁圆筒编号	节点编号	直径/m	壁厚/mm
5（End2）	5	2	150
6（End1）	5	2.6	150
6（End2）	8	2.6	150
7（End1）	8	2.6	150
7（End2）	11	2.6	150
8（End1）	11	2.6	150
8（End2）	14	2.6	150
9（End1）	3	2	150
9（End2）	6	2	150
10（End1）	6	2.6	150
10（End2）	9	2.6	150
11（End1）	9	2.6	150
11（End2）	12	2.6	150
12（End1）	12	2.6	150
12（End2）	15	2.6	150
13（End1）	7	1.2	60
13（End2）	8	1.2	60
14（End1）	8	1.2	60
14（End2）	9	1.2	60
15（End1）	9	1.2	60
15（End2）	7	1.2	60
16（End1）	16	5	52.5
16（End2）	17	5	52.5
17（End1）	17	5	52.5
17（End2）	18	5	52.5

薄壁圆筒编号	节点编号	直径/m	壁厚/mm
18（End1）	18	5	52.5
18（End2）	19	6	52.5
19（End1）	19	6	97.5
19（End2）	20	6	97.5
20（End1）	20	6	97.5
20（End2）	21	6	97.5
21（End1）	21	6	97.5
21（End2）	22	6	97.5
22（End1）	22	6	97.5
22（End2）	23	6	97.5
23（End1）	23	6	80
23（End2）	24	6	80
24（End1）	24	6	80
24（End2）	25	6	80
25（End1）	25	6	80
25（End2）	26	6	80
26（End1）	26	6	80
26（End2）	27	6	80
27（End1）	27	6	36
27（End2）	28	6	36
28（End1）	28	6	34
28（End2）	29	6	34
29（End1）	29	6	32
29（End2）	30	6	32
30（End1）	30	6	30

薄壁圆筒编号	节点编号	直径/m	壁厚/mm
30（End2）	31	6	30
31（End1）	31	6	28
31（End2）	32	5.6	28
32（End1）	32	5.6	26
32（End2）	33	5.2	26
33（End1）	33	5.2	24
33（End2）	34	4.8	24
34（End1）	34	4.8	22
34（End2）	35	4.4	22
35（End1）	35	4.4	20
35（End2）	36	4	20
36（End1）	36	4	18
36（End2）	58	3.6	18
37（End1）	10	2.5	60
37（End2）	37	2.5	60
38（End1）	37	2.5	60
38（End2）	40	4.7	60
39（End1）	40	4.7	60
39（End2）	17	4.7	60
40（End1）	11	2.5	60
40（End2）	38	2.5	60
41（End1）	38	2.5	60
41（End2）	41	4.7	60
42（End1）	41	4.7	60
42（End2）	17	4.7	60

续表

薄壁圆筒编号	节点编号	直径/m	壁厚/mm
43（End1）	12	2.5	60
43（End2）	39	2.5	60
44（End1）	39	2.5	60
44（End2）	42	4.7	60
45（End1）	42	4.7	60
45（End2）	17	4.7	60
46（End1）	10	2.5	60
46（End2）	43	2.5	60
47（End1）	43	2.5	60
47（End2）	46	4	60
48（End1）	46	4	60
48（End2）	49	4	60
49（End1）	49	4	60
49（End2）	52	4	60
50（End1）	52	4	60
50（End2）	55	4	60
51（End1）	55	4	60
51（End2）	23	4	60
52（End1）	11	2	60
52（End2）	44	2	60
53（End1）	44	2	60
53（End2）	47	4	60
54（End1）	47	4	60
54（End2）	50	4	60
55（End1）	50	4	60

薄壁圆筒编号	节点编号	直径/m	壁厚/mm
55（End2）	53	4	60
56（End1）	53	4	60
56（End2）	56	4	60
57（End1）	56	4	60
57（End2）	23	4	60
58（End1）	12	2	60
58（End2）	45	2	60
59（End1）	45	2	60
59（End2）	48	4	60
60（End1）	48	4	60
60（End2）	51	4	60
61（End1）	51	4	60
61（End2）	54	4	60
62（End1）	54	4	60
62（End2）	57	4	60
63（End1）	57	4	60
63（End2）	23	4	60

表 B. 3　　　　优化结构节点参数

节点	x 向坐标/m	y 向坐标/m	z 向坐标/m
1	12. 5	21. 65	−43
2	12. 5	−21. 65	−43
3	−25	0	−43
4	12. 5	21. 65	−42
5	12. 5	−21. 65	−42
6	12. 5	21. 65	−41
7	−25	0	−42

节点	x 向坐标/m	y 向坐标/m	z 向坐标/m
8	12.5	−21.65	−41
9	−25	0	−41
10	12.5	21.65	−39
11	12.5	−21.65	−39
12	−25	0	−39
13	12.5	21.65	−34
14	12.5	−21.65	−34
15	−25	0	−34
16	0	0	−38.5
17	0	0	−33
18	0	0	−25
19	0	0	−17
20	0	0	−10
21	0	0	−8
22	0	0	−6
23	0	0	−4
24	0	0	−2
25	0	0	0
26	0	0	2
27	0	0	4
28	0	0	6
29	0	0	8
30	0	0	10
31	0	0	15
32	0	0	25

节点	x 向坐标/m	y 向坐标/m	z 向坐标/m
33	0	0	35
34	0	0	45
35	0	0	55
36	0	0	65
37	9	15.59	−37.32
38	9	−15.59	−37.32
39	−18	0	−37.32
40	5.5	9.54	−35.64
41	5.5	−9.54	−35.64
42	−11	0	−35.64
43	9	15.59	−29.2
44	9	−15.59	−29.2
45	−18	0	−29.2
46	5.48	9.49	−19.33
47	5.48	−9.49	−19.33
48	−10.95	0	−19.33
49	2.14	3.71	−10
50	2.14	−3.71	−10
51	−4.29	0	−10
52	1.43	2.47	−8
53	1.43	−2.47	−8
54	−2.86	0	−8
55	0.71	1.24	−6
56	0.71	−1.24	−6
57	−1.43	0	−6
58	0	0	78

表 B. 4 　　　　　　　　**优化结构模型参数**

薄壁圆筒编号	节点编号	直径/m	壁厚/mm
1 （End1）	1	2	150
1 （End2）	4	2	150
2 （End1）	4	2. 6	150
2 （End2）	7	2. 6	150
3 （End1）	7	2. 6	150
3 （End2）	10	2. 6	150
4 （End1）	10	2. 6	150
4 （End2）	13	2. 6	150
5 （End1）	2	2	150
5 （End2）	5	2	150
6 （End1）	5	2. 6	150
6 （End2）	8	2. 6	150
7 （End1）	8	2. 6	150
7 （End2）	11	2. 6	150
8 （End1）	11	2. 6	150
8 （End2）	14	2. 6	150
9 （End1）	3	2	150
9 （End2）	6	2	150
10 （End1）	6	2. 6	150
10 （End2）	9	2. 6	150
11 （End1）	9	2. 6	150
11 （End2）	12	2. 6	150
12 （End1）	12	2. 6	150
12 （End2）	15	2. 6	150

续表

薄壁圆筒编号	节点编号	直径/m	壁厚/mm
13 (End1)	7	1.2	60
13 (End2)	8	1.2	60
14 (End1)	8	1.2	60
14 (End2)	9	1.2	60
15 (End1)	9	1.2	60
15 (End2)	7	1.2	60
16 (End1)	16	5	52.5
16 (End2)	17	5	52.5
17 (End1)	17	5	52.5
17 (End2)	18	5	52.5
18 (End1)	18	5	52.5
18 (End2)	19	6	52.5
19 (End1)	19	6	97.5
19 (End2)	20	6	97.5
20 (End1)	20	6	97.5
20 (End2)	21	6	97.5
21 (End1)	21	6	97.5
21 (End2)	22	6	97.5
22 (End1)	22	6	97.5
22 (End2)	23	6	97.5
23 (End1)	23	6	80
23 (End2)	24	6	80
24 (End1)	24	6	80
24 (End2)	25	6	80

薄壁圆筒编号	节点编号	直径/m	壁厚/mm
25（End1）	25	6	80
25（End2）	26	6	80
26（End1）	26	6	80
26（End2）	27	6	80
27（End1）	27	6	36
27（End2）	28	6	36
28（End1）	28	6	34
28（End2）	29	6	34
29（End1）	29	6	32
29（End2）	30	6	32
30（End1）	30	6	30
30（End2）	31	6	30
31（End1）	31	6	28
31（End2）	32	5.6	28
32（End1）	32	5.6	26
32（End2）	33	5.2	26
33（End1）	33	5.2	24
33（End2）	34	4.8	24
34（End1）	34	4.8	22
34（End2）	35	4.4	22
35（End1）	35	4.4	20
35（End2）	36	4	20
36（End1）	36	4	18
36（End2）	58	3.6	18

薄壁圆筒编号	节点编号	直径/m	壁厚/mm
37（End1）	10	2.5	60
37（End2）	37	2.5	60
38（End1）	37	2.5	60
38（End2）	40	4.7	60
39（End1）	40	4.7	60
39（End2）	17	4.7	60
40（End1）	11	2.5	60
40（End2）	38	2.5	60
41（End1）	38	2.5	60
41（End2）	41	4.7	60
42（End1）	41	4.7	60
42（End2）	17	4.7	60
43（End1）	12	2.5	60
43（End2）	39	2.5	60
44（End1）	39	2.5	60
44（End2）	42	4.7	60
45（End1）	42	4.7	60
45（End2）	17	4.7	60
46（End1）	10	2.5	60
46（End2）	43	2.5	60
47（End1）	43	2.5	60
47（End2）	46	4	60
48（End1）	46	4	60
48（End2）	49	4	60

薄壁圆筒编号	节点编号	直径/m	壁厚/mm
49 (End1)	49	4	60
49 (End2)	52	4	60
50 (End1)	52	4	60
50 (End2)	55	4	60
51 (End1)	55	4	60
51 (End2)	23	4	60
52 (End1)	11	2	60
52 (End2)	44	2	60
53 (End1)	44	2	60
53 (End2)	47	4	60
54 (End1)	47	4	60
54 (End2)	50	4	60
55 (End1)	50	4	60
55 (End2)	53	4	60
56 (End1)	53	4	60
56 (End2)	56	4	60
57 (End1)	56	4	60
57 (End2)	23	4	60
58 (End1)	12	2	60
58 (End2)	45	2	60
59 (End1)	45	2	60
59 (End2)	48	4	60
60 (End1)	48	4	60
60 (End2)	51	4	60

薄壁圆筒编号	节点编号	直径/m	壁厚/mm
61（End1）	51	4	60
61（End2）	54	4	60
62（End1）	54	4	60
62（End2）	57	4	60
63（End1）	57	4	60
63（End2）	23	4	60

参 考 文 献

[1] Sandal K, Verbart A, Stolpe M. Conceptual jacket design by structural optimization [J]. Wind Energy, 2018, 21 (12): 1423 -1434.

[2] Yang H, Zhu Y, Lu Q, et al. Dynamic reliability based design optimization of the tripod sub - structure of offshore wind turbines [J]. Renewable Energy, 2015, 78: 16 - 25.

[3] Natarajan A, Stolpe M, Njomo Wandji W. Structural optimization based design of jacket type sub - structures for 10 MW offshore wind turbines [J]. Ocean Engineering, 2019, 172: 629 - 640.

[4] Chew KH, Tai K, Ng EYK, et al. Analytical gradient - based optimization of offshore wind turbine substructures under fatigue and extreme loads [J]. Marine Structures, 2016, 47: 23 - 41.

[5] Jalbi S, Nikitas G, Bhattacharya S, et al. Dynamic design considerations for offshore wind turbine jackets supported on multiple foundations [J]. Marine Structures, 2019, 67: 102631.

[6] Chen IW, Wong BL, Lin YH, et al. Design and analysis of jacket substructures for offshore wind turbines [J]. Energies, 2016, 9 (4): 264.

[7] Zhang P, Li J, Gan Y, et al. Bearing capacity and load transfer of brace topological in offshore wind turbine jacket structure [J]. Ocean Engineering, 2020, 199: 107037.

[8] Tran TT, Kim E, Lee D. Development of a 3 - legged jacket substructure for installation in the southwest offshore wind farm in South Korea [J]. Ocean Engineering, 2022, 246: 110643.

[9] Zheng S, Li C, Xiao Y. Efficient optimization design method of jacket structures for offshore wind turbines [J]. Marine Structures,

2023, 89: 103372.

[10] Motlagh AA, Shabakhty N, Kaveh A. Design optimization of jacket offshore platform considering fatigue damage using genetic algorithm [J]. Ocean Engineering, 2021, 227: 108869.

[11] Sandal K, Latini C, Zania V, et al. Integrated optimal design of jackets and foundations [J]. Marine Structures, 2018, 61: 398 - 418.

[12] Oest J, Sandal K, Schafhirt S, et al. On gradient - based optimization of jacket structures for offshore wind turbines [J]. Wind Energy, 2018, 21 (11): 953 - 967.

[13] Beghini LL, Beghini A, Katz N, et al. Connecting architecture and engineering through structural topology optimization [J]. Engineering Structures, 2014, 59: 716 - 726.

[14] Zhu JH, Zhang WH, Xia L. Topology optimization in aircraft and aerospace structures design [J]. Archives of Computational Methods in Engineering, 2016, 23: 595 - 622.

[15] Meng L, Zhang W, Quan D, et al. From topology optimization design to addivitve manufacturing: today's success and tomorrow's roadmap [J]. Archieves of Computational Methods in Engineering, 2020, 27: 805 - 830.

[16] Osanov M, Guest JK. Topology optimization for architected material design [J]. Annual Review of Materials Research, 2016, 46: 211 - 233.

[17] Talay E, Ozkan C, Gurtas E. Designing lightweight diesel engine alternator support bracket with topology optimization methodology [J]. Structural Multidisciplinary Optimization. 2021, 63, 2509 - 2529.

[18] Buckney N, Green S, Pirrera A, et al. On the structural topology of wind turbine blades [J]. Wind Energy, 2013, 16 (4): 545 - 560.

[19] Wang Z, Suiker ASJ, Hofmeyer H, et al. Coupled aerostructural shape and topology optimization of horizontal - axis wind turbine rotor blades [J]. Energy Conversion and Management, 2020, 212: 112621.

[20] Tian X, Wang Z, Liu D, et al. Jack - up platform leg optimization by topology optimization algorithm - BESO [J]. Ocean Engineering, 2022, 257: 111633.

[21] Lee Y S, González J A, Lee J H, et al. Structural topology optimization of the transition piece for an offshore wind turbine with jacket foundation [J]. Renewable Energy, 2016, 85: 1214 - 1225.

[22] Tian X, Sun X, Liu G, et al. Optimization design of the jacket support structure for offshore wind turbine using topology optimization method [J]. Ocean Engineering, 2022, 243: 110084.

[23] Tian X, Wang Q, Liu G, et al. Topology optimization design for offshore platform jacket structure [J]. Applied Ocean Research, 2019, 84: 38 - 50.

[24] Oest J, Sørensen R, T. Overgaard L Chr, et al. Structural optimization with fatigue and ultimate limit constraints of jacket structures for large offshore wind turbines [J]. Structural and Multidisciplinary Optimization, 2017, 55 (3): 779 - 793.

[25] Zhang C, Long K, Zhang J, et al. A topology optimization methodology for the offshore wind turbine jacket structure in the concept phase [J]. Ocean Engineering, 2022, 266: 112974.

[26] Lu F, Long K, Zhang C, et al. A novel design of the offshore wind turbine tripod structure using topology optimization methodology [J]. Ocean Engineering, 2023, 280: 114607.

[27] Le C, Norato J, Brus T, et al. Stress - based topology optimization for continua [J]. Structural and Multidisciplinary Optimization, 2010, 41: 605 - 620.

[28] Yang D, Liu H, Zhang W, et al. Stress - constrained topology optimization based on maximum stress measures [J]. Computers and Structures, 2018, 198: 23 - 39.

[29] Giraldo - Londono O, Paulino GH. Polystress: a Matlab implementation for local stress - constrained topology optimization using the augmented Lagrangian method [J]. Structural and Multidisciplinary Optimization, 2021, 63: 2065 - 2097.

[30] Silva GA, Aage N, Bect AT, et al. Three - dimensional manufac-

turing tolerant topology optimization with hundreds of millions of local stress constraints [J]. International Journal for Numerical Methods in Engineering, 2021, 122 (21): 548 – 578.

[31] Holmberg E, Torstenfelt B, Klarbring A. Fatigue constrained topology optimization [J]. Structural and Multidisciplinary Optimization, 2014, 50: 207 – 219.

[32] Collet M, Bruggi M, Duysinx P. Topology optimization for minimum weight with compliance and simplified nominal stress constraints for fatigue resistance [J]. Structural and Multidisciplinary Optimization, 2017, 55: 839 – 855.

[33] Oest J, Lund E. Topology optimization with finite – life fatigue constraints [J]. Structural and Multidisciplinary Optimization, 2017, 56: 1045 – 1059.

[34] 侯杰，朱继宏，王创，等. 考虑机械连接载荷和疲劳性能的装配结构拓扑优化设计方法 [J]. 科学通报，2019, 64 (1): 79 – 86.

[35] Gao X, Caivano R, Tridello A, et al. Innovative formulation for topological fatigue optimization based on material defects distribution and TopFat algorithm [J]. International Journal of Fatigue, 2021, 147: 106176.

[36] Suresh S, Lindstrom SB, Thore CJ, et al. Topology optimization using a continuous – time high – cycle fatigue model [J]. Structural and Multidisciplinary Optimization, 2020, 61: 1011 – 1025.

[37] Jeong SH, Lee JW, Yoon GH, et al. Topology optimization considering the fatigue constraint of variable amplitude load based on the equivalent static load approach [J]. Applied Mathematical Modelling, 2018, 56: 626 – 627.

[38] Chen Z, Long K, Wen P, et al. Fatigue – resistance topology optimization of continuum structure by penalizing the cumulative fatigue damage [J]. Advances in Engineering Software, 2020, 150: 102924.

[39] Zhang S, Le C, Gain AL, et al. Fatigue – based topology optimization with non – proportional loads [J]. Computer Methods in Applied Mechanics and Engineering, 2019, 345: 805 – 825.

181

[40] Ma ZD, Kikuchi N, Cheng HC. Topological design for vibrating structures [J]. Computer Methods in Applied Mechanics and Engineering, 1995, 121 (1): 259 - 280.

[41] Jog CS. Topology design of structure subjected to periodic loading [J]. Journal of Sound and Vibration, 2002, 253 (3): 687 - 709.

[42] Olhoff N, Du J. Generalized incremental frequency method for topological designof continuum structures for minimum dynamic compliance subject to forced vibration at a prescribed low or high value of the excitation frequency [J]. Structural and Multidisciplinary Optimization, 2016, 54 (5): 1113 - 1141.

[43] Shu L, Wang MY, Fang Z, et al. Level set based structural topology optimization for minimizing frequency response [J]. Journal of Sound and Vibration, 2011, 330 (24): 5820 - 5834.

[44] Silva OM, Neves MM, Lenzi A. On the use of active and reactive input power in topology optimization of one - material structures considering steady - state forced vibration problems [J]. Journal of Sound and Vibration, 2020, 464: 114989.

[45] Zhang Y, Xiao M, Gao L, et al. Multiscale topology optimization for minimizing frequency responses of cellular composites with connectable graded microstructures [J]. Mechanical Systems and Signal Processing, 2020, 135: 106369.

[46] Zhou P, Peng Y, Du J. Topology optimization of bi - material structures with frequency - domain objectives using time - domain simulation and sensitivity analysis [J]. Structural and Multidisciplinary Optimization, 2021, 63 (2): 575 - 593.

[47] Niu B, He X, Shan Y, et al. On objective functions of minimizing the vibration response of continuum structures subjected to external harmonic excitation [J]. Structural and Multidisciplinary Optimization, 2018, 57 (6): 2291 - 2307.

[48] Silva O M, Neves M M, Lenzi A. A critical analysis of using the dynamic compliance as objective function in topology optimization of one - material structures considering steady - state forced vibration problems [J]. Journal of Sound and Vibration, 2019, 444: 1 - 20.

[49] Lopes H N, Cunha D C, Pavanello R, et al. Numerical and experimental investigation on topology optimization of an elongated dynamic system [J]. Mechanical Systems and Signal Processing, 2022, 165: 108356.

[50] Liu H, Zhang W, Gao T. A comparative study of dynamic analysis methods for structural topology optimization under harmonic force excitations [J]. Structural and Multidisciplinary Optimization, 2015, 51 (6): 1321 - 1333.

[51] Zargham S, Ward TA, Ramli R, et al. Topology optimization: a review for structural designs under vibration problems [J]. Structural and Multidisciplinary Optimization, 2016, 53 (6): 1157 - 1177.

[52] Zhou P, Peng Y, Du J. Topology optimization of bi - material structures with frequency - domain objectives using time - domain simulation and sensitivity analysis [J]. Structural and Multidisciplinary Optimization, 2021, 63: 575 - 593.

[53] Kang BS, Park GJ, Arora JS. A review of optimization of structures subjected to transient loads [J]. Structural and Multidisciplinary Optimization, 2006, 31 (2): 81 - 95.

[54] Min S, Kikuchi N, Park YC, et al. Optimal topology design of structures under dynamic loads [J]. Structural optimization, 1999, 17 (2): 208 - 218.

[55] Turteltaub S. Optimal non - homogeneous composites for dynamic loading [J]. Structural and Multidisciplinary Optimization, 2005, 30 (2): 101 - 112.

[56] Zhang X, Kang Z. Dynamic topology optimization of piezoelectric structures with active control for reducing transient response [J]. Computer Methods in Applied Mechanics and Engineering, 2014, 281: 200 - 219.

[57] Giraldo - Londoño O, Paulino GH. PolyDyna: a Matlab implementation for topology optimization of structures subjected to dynamic loads [J]. Structural and Multidisciplinary Optimization, 2021, 64 (2): 957 - 990.

[58] Zhao J, Wang C. Dynamic response topology optimization in the time domain using model reduction method [J]. Structural and Multidisciplinary Optimization, 2016, 53 (1): 101 – 114.

[59] Yan K, Cheng G. An adjoint method of sensitivity analysis for residual vibrations of structures subject to impacts [J]. Journal of Sound and Vibration, 2018, 418: 15 – 35.

[60] Yan K, Cheng GD, Wang BP. Topology optimization of damping layers in shell structures subject to impact loads for minimum residual vibration [J]. Journal of Sound and Vibration, 2018, 431: 226 – 247.

[61] Yan K, Wang BP. Two new indices for structural optimization of free vibration suppression [J]. Structural and Multidisciplinary Optimization, 2020, 61 (5): 2057 – 2075.

[62] Zhao J, Wang C. Topology optimization for minimizing the maximum dynamic response in the time domain using aggregation functional method [J]. Computers & Structures, 2017, 190: 41 – 60.

[63] Long K, Yang X, Saeed N, et al. Topology optimization of transient problem with maximum dynamic response constraint using SOAR scheme [J]. Frontiers of Mechanical Engineering, 2021, 16 (3): 593 – 606.

[64] Choi W S, Park G J. Structural optimization using equivalent static loads at all time intervals [J]. Computer Methods in Applied Mechanics and Engineering, 2002, 191 (19): 2105 – 2122.

[65] Jang HH, Lee HA, Lee J, et al. Dynamic Response Topology Optimization in the Time Domain Using Equivalent Static Loads [J]. AIAA Journal, 2012, 50: 226 – 234.

[66] Bai YC, Zhou HS, Lei F, et al. An improved numerically – stable equivalent static loads (ESLs) algorithm based on energy – scaling ratio for stiffness topology optimization under crash loads [J]. Structural Multidisciplinary Optimization, 2019, 59: 117 – 130.

[67] Wang L, Liu Y, Liu D, et al. A novel dynamic reliability – based topology optimization (DRBTO) framework for continuum structures via interval – process collocation and the first – passage theo-

ries [J]. Computer Methods in Applied Mechanics and Engineering, 2021, 386: 114107.

[68] Yoon GH. Structural topology optimization for frequency response problem using model reduction schemes [J]. Computer Methods in Applied Mechanics and Engineering, 2010, 199 (25): 1744 – 1763.

[69] Zhu JH, He F, Liu T, et al. Structural topology optimization under harmonic base acceleration excitations [J]. Structural and Multidisciplinary Optimization, 2018, 57 (3): 1061 – 1078.

[70] Li Q, Sigmund O, Jensen JS, et al. Reduced – order methods for dynamic problems in topology optization: a comparative study [J]. Computer Methods in Applied Mechanics and Engineering, 2021, 387: 114149.

[71] Zhang C, Long K, Yang X, et al. A transient topology optimization with time – varying deformation restriction via augmented Lagrange method [J]. International Journal of Mechanics and Materials in Design, 2022, 18: 683 – 700.

[72] Zhang HW, Liu H, Wu JK. A uniform multiscale method for 2D static and dynamic analyses of heterogeneous materials [J]. International Journal for Numerical Methods in Engineering, 2012, 93 (7): 714 – 746.

[73] Liu H, Zhang HW. A uniform multiscale method for 3D static and dynamic analyses of heterogeneous materials [J]. Computational Materials Science, 2013, 79: 159 – 173.

[74] Qian X. On – the – fly dual reduction for time – dependent topology optimization [J]. Journal of Computational Physics, 2022, 452: 110917.

[75] Lee JW, Yoon GH, Jeong SH. Topology optimization considering fatigue life in the frequency domain [J]. Computers & Mathematics with Applications, 2015, 70 (8): 1852 – 1877.

[76] Stephens RI, Fatemi A, Stephens RR. Metal fatigue in engineering [M]. New York: John Wiley & Sons, 2000.

[77] Bendsøe MP. Optimal shape design as a material distribution problem [J]. Structural and multidisciplinary optimization, 1989, 1

(4): 193 - 202.

[78] Zhou M, Shyy YK, Thomas HL. Checkerboard and minimum member size control in topology optimization [J]. Structural and Multidisciplinary Optimization, 2001, 21 (2): 152 - 158.

[79] Thomas H, Zhou M, Schramm U. Issues of commercial optimization software development [J]. Structural and multidisciplinary optimization, 2002, 23: 97 - 110.